더 좋은 결정을 위한 뇌과학

더 좋은 결정을 위한

신경과학자가 밝혀낸

직관의 비밀

조엘 피어슨 지음

문희경 옮김

뇌과학

RHK
알에이치코리아

차
례

들어가며 그는 어떻게 재난을 피했을까? 8

배경

1장 | 직관의 힘

무의식을 느끼다 25 | 맹인이 사물을 보는 법 37 | 보이지 않는
우편함에 편지 넣기 41 | 잘못된 직관 48

2장 | 직관 측정하기

모든 여정의 시작 57 | 감정 심기 62 | 실험실에서 측정한 직관 72

(2부)
직관의 다섯 가지 규칙, SMILE

1장 | 자기 인식
감정이 격해졌을 땐 직관을 믿지 마라

이게 정말 사랑일까? 81 | 소음에 잠식된 직관 87 | 불안과 우
울 91 | 내 감정을 알아채는 법 95

2장 | 숙달도
도약보다 학습이 먼저다

할리우드 학습의 마법 107 | 1만 시간 법칙의 오류 109 | 보이
지 않는 개 먹이 112 | 숙달도-직관 방정식 115 | 중요한 것은
타이밍 118 | 직관 학습을 극대화하는 법 122 | 숙달의 증거 129

3장 | 충동과 중독

충동적 욕구는 직관적 통찰이 아니다

직관과 혼동되는 낡은 본능 139 | 비직관적 식사 146 | 갈망, 중독 그리고 직관 149 | 중독이 망가뜨린 나침반 155

4장 | 낮은 확률

확률적 사고가 필요할 땐 결정을 피하라

우리를 화나게 만드는 게임쇼 163 | 두려움은 직관이 아니다 171 | 경마에서 이기는 말을 고르는 법 175

5장 | 환경

익숙하고 예측 가능할 때만 직관을 사용하라

우주의 우사인 볼트 187 | 물속에서 공부하는 이유 191 | 불확실한 세계에서의 직관 196 | 직관의 편향 202

3부

직관 연습

- -

일상에서의 연습 209 | 직관에 적합한 시기 223 | 직관을 더 많이 사용하는 사람들 228 | 직관과 AI 230 | 이제 어디로 갈 것인가? 234

감사의 말 236

그는 어떻게
재난을 피했을까?

호주에서나 보일 법한 구름 한 점 없이 새파란 하늘이었다. 제이슨Jason은 A-4 스카이호크 전투기 조종석에 편안히 앉아, 곧 있을 에어쇼를 위해 훈련을 하고 있었다. 스카이호크는 연식이 오래되긴 했어도 아직 손색없는 전투기였다. 빠르고 요란한데다 기체 전체가 금속으로 제작돼 극한의 전쟁도 감당할 수 있는 기종이라, 영화에 종종 등장하곤 했다. 제이슨과 다른 한 조종사는 시드니 남쪽 '노우라'라는 마을 근처에서 편대비행(두 대이상의 항공기가 대형을 이루고 같은 방향으로 속도를 맞춰 나는 것-편집자) 중이었다.

제이슨은 대다수 군인들이 그렇듯, 깔끔하고 단정한 외모에 정의와 설명, 행동에 관한 한 정확성을 추구했다. 그는 전투기 엔진의 긴장감 도는 굉음에 익숙할 뿐 아니라, 심지어 편안함마저 느꼈다. 편대비행 시에는 뒤에서 따라가는 후방기의 조종사(여기서는 제이슨)가 선두기에 온전히 집중해 그 움직임을, 이를테면 상승이나 하강, 턴*, 롤**을 정확히 복제해야 한다. 그래야 지상에서 볼 때 두 전투기가 완벽히 동기화 상태로 움직이는 듯 보이기 때문이다.

이번 훈련에서 제이슨과 선두기의 조종사는 배럴 롤barrel roll을 비롯해 여러 동작을 훈련했다. 배럴 롤이란 전투기가 자체 축을 중심으로 회전하는 동시에 큰 고리 형태를 그리며 날아가는 동작으로, 거대한 배럴barrel, 즉 통 안에서 나선형으로 도는 형상을 이룬다. 훈련의 전 과정은 순조로웠다. 두 조종사는 기분이 좋았고 충분한 휴식을 취했으며 하늘은 맑았고 전투기도 완벽히 비행했다.

그러다 비극적인 사건이 터졌다. 두 전투기가 배럴 롤에서 빠져나가는 순간, 갑자기 지면과 지나치게 가까이 붙은 것이다. 선두기 조종사가 긴급히 경고를 외쳤다. "상승하라, 상승하라!"

---

* 수평으로 방향 바꾸기
** 자기 축으로 돌기

그런데 선두기 조종사가 비상 경고를 보냈을 때는, 이미 제이슨이 전투기의 조종간을 당긴 뒤였다. 사실 편대비행에서 후방기의 제이슨은 선두기의 동작을 기다렸다가 그 움직임을 그대로 따라 해야 했는데, 어쩐 일인지 그가 이유나 시점도 모른 채 반대로 행동한 것이다. 선두기 조종사의 경고 신호가 오기전에, 심지어 그 자신의 의식이 상황을 파악하기도 전에, 몸이 먼저 반응한 것이다.

나중에 전투기에서 수집한 데이터에서도, 제이슨이 비상 경고가 있기 전에 이미 전투기를 상승시켰다는 사실이 드러났다. 안타깝게도 선두기 조종사는 제때 반응하지 못했고, 결국 전투기가 추락하면서 사망하고 말았다.

당시 제이슨의 예측 반응은 그가 편대비행 중이었다는 점에서 특히 놀랍다. 조종사들은 초년병 시절부터 오직 전투기의 계기판에 집중하되, 자신의 느낌이나 신체 감각, 창밖으로 펼쳐지는 장면에 의존하지 않도록 철저히 훈련받는다. 종종 구름 속을 지나는 전투기가 기체가 뒤집힌 채 빠져나오는 경우가 많은데, 이는 조종사가 계기의 정보를 그대로 믿지 못하고, 자신의 부정확한 감각 정보에 맞춰 기체를 계속 조정하다가 벌어지는 일이다.

제이슨의 사례가 폭넓은 훈련 경험과 10년간의 전투기 조종

더 좋은 결정을 위한 뇌과학

경험 덕인지, 아니면 이런 경험에도 불구하고 벌어진 일인지는 알 수 없다. 하지만 그날 훈련 중 그의 뇌에서 처리한 모든 감각 신호가 의식 차원이든 아니든 상황이 이상하다는 결론으로 이끌었고, 그에게 의식적 사고를 생략하고 당장 행동하라는 명령을 내렸다. 제이슨은 뇌에서 보내는 행동하라는 명령에 반응한 덕분에 전투기와 그 자신의 목숨을 구했다.

편대비행의 동작이 마무리되고 선두기가 추락하기까지 결정적인 몇 초, 어쩌면 몇 밀리초 사이에 제이슨의 뇌는 아무도 의식하지 못할 정도의 빠르고 풍부한 감각 정보를 실시간으로 처리했다. 그리고 이 정보는 수천 시간에 걸쳐 유사한 상황을 마주했던 그의 경험을 토대로, 뇌에 부정적 연합을 자극했다. 이 부정적 감각은 뇌의 운동 피질에서 즉시 행동 신호로 바뀌어, 제이슨이 조종간을 당겨 기수를 제때 들어 올리게 했다.

이것이 행동으로 나타난 직관이다. 사실 조종사는 모든 예상을 억누르고 오로지 전투기의 계기와 선두기에만 집중하도록 훈련받는다. 그런데도 제이슨의 뇌는 여전히 모든 순간 일어나는 상황을 추적하고 몸의 모든 감각에서 들어오는 방대한 정보를 무의식중에 처리했다. 그리고 이상이 있음을 신속히 판단하여 조종간을 당기게 했다.

제이슨의 사례는 내가 정의하는 직관으로 이어진다. 직관이란 더 나은 결정과 행동을 위해 무의식적 정보를 학습하고 생산적으로 활용하는 것이다. 제이슨의 뇌는 무수한 정보의 흐름을 실시간으로 처리하고 이전에 자주 비행한 경험을 토대로 하여, 이 정보를 긍정적 혹은 부정적 결과와 연결했다. 이런 연결이 순식간에 감정(직감)으로 번역돼 신속히 조종간을 당기게 한 것이다.

제이슨의 이야기는 이 책의 핵심 내용을 명확히 예시한다. 나는 이 책에서 인간의 의식 밖에 감춰진 정보를 어떻게 활용할 수 있는지 설명하고, 새로운 포괄적 이론과 실용적 지침을 제시함으로써, 누구나 직관을 이해하고 안전하게 활용할 수 있도록 돕고자 한다.

그런데 조종사의 생사를 다투는 상황에서 발휘된 직관이 평범한 우리가 일상을 살아가며 더 나은 결정을 내리는 데 시사하는 바가 있을까? 직관으로 생명을 구하는 극적인 사례도 많지만, 우리의 일상에도 같은 원칙이 적용된다. 어느 식당에서 점심을 먹을지, 방금 만난 사람을 믿어도 될지, 두 번째 데이트를 이어갈지 따위를 고민할 때도 마찬가지다. 또한 부모로서 자녀에게 무슨 일이 있는지 알아야 할 때나, 스포츠나 운전 혹은 직장을 비롯한 무수한 일상에서 신속히 행동해야 할 때도 마찬가

더 좋은 결정을 위한 뇌과학

지다. 우리의 오감으로 들어오지만 거의 사용되지 않은 채 남는 무의식의 방대한 정보를 활용할 기회는 누구에게나 있다. 누구나 연습하면 덤으로 따라오는 데이터를 활용해 결정과 행동을 개선할 수 있다.

"직감을 따르라"라는 말은 다들 들어봤을 것이다. 혹은 누군가가 어려운 결정을 내리려 할 때 "당신의 직관이 뭐라고 합니까?"라고 물은 적도 있을 것이다. 한 번쯤은 주변 상황을 논리적으로나 의식적으로 따져보지 않은 채, 직관에 따라 행동한 경험이 있을 것이다. 이 책에서는 이런 직관적 과정의 여러 층위를 파헤칠 것이다. 우리가 직관에 기대어 결정하거나 행동할 때 뇌에서 실제로 어떤 일이 일어나는지 분해하고 분석할 것이다. 그리고 신경과학과 심리학을 녹여 직관의 신비를 풀고, 일상의 결정에 적용할 수 있는 안전하고 신뢰할 수 있는 지침을 다섯 가지 규칙으로 제시하고자 한다.

나는 지난 10년간 인간의 직관을 연구하는 데 몰두했고, 우리 연구팀은 직관을 과학적으로 측정할 수 있는 검사를 최초로 개발했다. 이전에는 과학자들 사이에 직관이 실재하는지에 대해서조차 의견이 분분했고, 직관을 어떻게 정의할지를 두고도 논쟁이 일었다. 이제 나는 새로운 직관의 과학을 세상에 내놓아

대대적 변화를 일으키고자 한다.

사람들은 이미 직관을 사용하고 있고, 실제 일상에서도 자주 사용한다. 직관 사용은 어떤 면에서 본능으로 굳어졌다. 가령 어떤 결정을 내리기 전에 잠시 자신의 신체 감각을 가만히 점검하는 순간이 있지 않은가. 그러나 직관은 사실 학습된 능력이다. 우리는 특히 의사결정을 할 때 직관에 의지하도록 학습했다. 다만 이 책에서 앞으로 다루겠지만, 직관을 잘못 사용할 때가 있어서 문제다. 그렇다면 직관을 올바르게 사용하고 있는지 아닌지를 어떻게 알까? 직관적 결정과 행동이 오해나 편견을 기반으로 잘못된 방향으로 우리를 이끌지 않을 거라고 어떻게 확신할 수 있을까?

직관에 관한 과학 연구는 비교적 최근에 나왔다. 또한 관련 연구가 다른 이름 아래에 숨어 있어서 현재 우리가 참조할 수 있는 정보를 과학적으로 지지해 주는 연구가 없는 경우가 많다. 심지어 직관을 신비주의 건강법이나 영성과 '같은 바구니'에 넣거나 직관을 과학의 영역에서 벗어난 마법 같은 육감으로 정의하기도 한다. 이 책에서는 직관과 의식, 학습, 의사결정에 관한 최신 과학 연구를 철저히 검토한 후, 과학적 근거를 기반으로 안전하게 직관을 사용하도록 도와주는 다섯 가지 과학적 규칙을 정리할 것이다.

인간의 뇌는 주변 세계에서 방대한 정보를 수집하고 저장하지만, 정보가 대부분 무의식에 남아 의식으로 넘어오지 않는다. 직관의 다섯 가지 규칙은 이 방대한 정보 저장소를 활용하게 해주어, 이사회실부터 스포츠 경기장까지, 조종사부터 바쁜 부모에 이르기까지, 삶의 복잡하고 중대한 결정부터 일상의 사소한 결정에 이르기까지, 더 좋고 빠르고 자신감 있는 결정을 내리도록 이끌어준다. 물론 직관에 기대어선 안 되는 상황도 많다. 이 책에서는 그런 상황을 명확히 구분하는 방법도 제시한다. 나는 과학 중심 접근법과 설득력 있는 실제 사례를 통해 직관 연습법을 개발함으로써, 직관을 주류에 편입시키고자 한다.

__ 이 책의 목적

나는 이 책이 직관에 관한 심도 있는 교과서가 되는 데는 관심이 없다. 그보다는 직관의 과학을 간결하고 실용적인 규칙으로 정리해 누구나 쉽게 따라 하면서 더 나은 결정을 내리도록 돕는 지침서가 되었으면 한다. 내 연구실에서 나온 지식뿐 아니라 다른 학과와 관련 주제로 실시된 많은 연구 자료도 활용해, 독자들이 직관을 안전하게 사용할 수 있는 때가 언제인지 이해하도록 도울 것이다.

직관의 과학은 아직 초기 단계이고, 이미 알려진 것보다 아직 알아야 할 것이 더 많다. 그렇다고 기존 지식을 현실에 적용하지 못할 이유는 없다.

심리학자들은 오래전부터 직관이 바람직하고 유용한 것인지, 아니면 위험하고 피해야 하는 것인지를 두고 논쟁해 왔다. 실제로 직관이 사람을 잘못된 길로 인도한 끔찍한 사례를 다룬 책과 과학 논문도 많다. 앞으로 설명하겠지만, 이들 사례는 내가 '잘못된 직관misintuition'이라고 일컫은 현상이다. 반면 직관으로 생명을 구한 사례도 많다. 인간의 뇌와 마음이 어떻게 작동하는지 이해하면, '직관은 좋은 것'이라거나 '직관은 나쁜 것'이라는 식의 일반화는 진실도 아니고 현실적으로 도움이 되지도 않는다는 것을 알게 된다. 직관을 언제 사용하고 언제 사용하지 말아야 할지 제대로 이해하면, 직관의 부정적 사용 가능성을 줄이고 직관을 따르다 잘못된 길로 들어서는 상황을 예방하여, 직관의 장점을 최대로 활용할 수 있다.

이 책에서 정의하는 직관이란 '더 나은 결정과 행동을 위해 무의식적 정보를 학습하고 생산적으로 활용하는 것'이다. 오늘날 비즈니스 세계에서 대다수 리더는 의식 차원에 들어오는 얼마간의 정보로 신속히 결정을 내려야 하는데, 이럴 때야말로 직

더 좋은 결정을 위한 뇌과학

관적 의사결정이 중요하다. 실제로 변화의 속도가 과거 어느 때보다 빨라지고 불확실성도 커지고 있기에, 비즈니스에서 직관에 대한 요구도 갈수록 커질 것이다. 하지만 문제가 있다. 실제 리더의 자리에 있는 사람 중 스스로 직관을 사용한다고 솔직히 밝힐 사람이 몇이나 될까? 직원들에게, 이사회에, 혹은 대중에게 자신이 직관에 따라 중대한 결정을 내렸다고 밝힐 사람이 얼마나 되겠냐는 것이다. 나는 직관의 과학이 널리 알려져 최고의 자리에서 의사결정을 내리는 사람들도 직관을 사용하는 것에 대해 편하게 말할 수 있기를 바란다.

새로운 직관의 과학이 정립된다면, 사람들은 직관을 인간의 측정 가능한 능력으로 이해하고 활용할 수 있을 것이다. 직관은 뇌의 특별한 재능이다. 신경과학과 심리학에서 이미 알려진 현상을 통해 직관을 설명할 수 있다. 초감각적 현상을 끌어들일 필요가 없다. 집단 지성이나 집단 무의식, 혹은 마법적이거나 영적 개념을 끌어들일 필요도 없다. 직관은 현실에 존재한다. 과학으로 설명할 수 있다.

__ 직관 활용을 위한 규칙

오래전부터 심리학과 신경과학에서 실시한 수많은 연구에서 다음의 다섯 가지 규칙을 추려낼 수 있다. 이들 규칙은 직관을 이해하고 안전하게 활용하기 위한 지침이다. 나는 이를 기억하기 쉽도록 앞 글자를 따서 'SMILE'로 정리했다.

S 자기 인식self-awareness: 감정적인 상태에서는 직관을 믿으면 안 된다.

M 숙달도mastery: 먼저 학습한 다음에 도약할 수 있다. 직관을 얻으려면 숙달도가 중요하다.

I 충동과 중독impulses and addiction: 충동적 욕망을 직관적 통찰로 착각해서는 안 된다.

L 낮은 확률low probability: 직관을 사용해 확률적 판단을 내리고 싶은 마음을 떨쳐내야 한다.

E 환경environment: 익숙하고 예측 가능한 상황에서만 직관을 사용해야 한다.

과학적 근거를 갖춘 규칙마다 직관과 관련된 현실적이면서도 인생을 바꾸는 중요한 사례가 소개된다. 직관을 발휘한 산악

더 좋은 결정을 위한 뇌과학

등반가의 이야기, 확률에 대한 우리의 본능적 오해를 이용해 상품을 조작하는 게임쇼, 영화 〈인셉션Inception〉이 내 연구실에서 직관의 과학을 위한 돌파구를 마련하는 데 영감을 준 배경, 첫 데이트에서 암벽등반을 해서는 안 되는 이유, 우사인 볼트가 저중력 환경에서 달릴 때 벌어지는 일 등을 다룰 것이다.

또 자기 인식이 중요한 이유와 감정이 격해진 상태에서는 직관을 믿지 말아야 하는 이유, 어떤 분야에서 숙달도를 쌓은 이후에야 직관을 신뢰할 수 있는 이유도 설명할 것이다. 직관은 학습된 능력이다. 따라서 각자가 삶의 여러 영역에서 직관을 개발해야 한다.

마지막으로 당신이 최근 직관에 의지해 내린 결정을 떠올려보라. 감정 상태를 고려했는가? 이전의 비슷한 상황에서의 경험을 반영했는가? 원초적 뇌의 충동, 가령 갈망이나 중독 같은 상태가 당신을 잘못된 방향으로 이끌지는 않았는가? 혹은 확률을 근거로 잘못된 선택을 하지는 않았는가? 익숙한 환경에서 결정했는가? 한마디로, 뇌의 미개발 영역인 무의식의 힘을 사용해 최선의 결정을 내릴 수 있었는가? 만약 그렇지 않았다면, 이 책이 방법을 가르쳐줄 것이다. 우선 직관의 힘과 직관이 실재하는 이유, 직관을 측정하는 새로운 과학에 관해 자세히 알아보자.

1부

배경

1장
직관의 힘

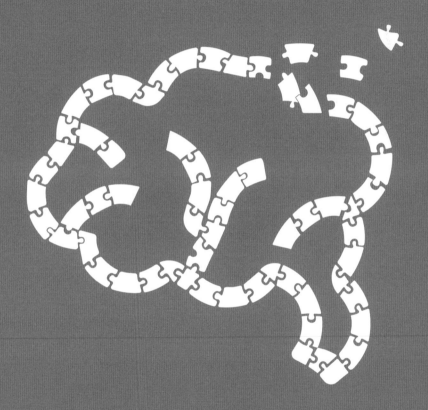

INTUITION
TOOLKIT

●

직관은 사실 무의식적 정보가 감정과 행동으로 새어 나오게 해주는

뇌의 연결 방식을 활용하는 능력이다. 그리고 직관을 통해 무의식적

정보를 활용할 줄 안다면, 이런 정보를 무시하는 사람보다 유리한

위치에 설 수 있다.

__ 무의식을 느끼다

존 뮤어Jon Muir의 사례는 대단한 열정과 과감한 결단력, 비견할 데 없는 모험의 이야기다. 1961년에 호주의 해안 도시 울런공 외곽에서 태어난 존은, 열네 살에 에베레스트산을 다룬 다큐멘터리를 보고 인생의 항로를 정했다. 그때부터 존은 자신의 운명이 산에 있다고 믿었다. 그는 혼자 카약을 타거나 등반하거나 사막을 횡단하며 직관에 따른 결정으로 목숨을 구하는 경험을 여러 번 했다. 그는 말한다. "극한의 모험에서 삶과 죽음의 차이는 직관적 결정에 달려 있을 때가 많다."

존은 10대 시절부터 전문 암벽등반가가 되기 위한 훈련을 시작해, 시드니 남쪽 일라와라의 상징적 절벽을 오르는 데 도전했다. 모험을 위해 학교를 그만두고 꿈을 좇는 일에만 몰두한 존은 이후 세계 각지에서 등반했고, 1988년에는 셰르파의 도움 없이 에베레스트의 남쪽 사면으로 정상에 오른 최초의 등반가가 되었다. 존은 카약을 타고 바다를 건너고, 걸어서 북극까지 탐험하며, 도움 없이 홀로 호주 대륙을 횡단하면서 각종 세계 기록을 세웠다.

처음 존을 만나던 날, 나는 전형적 모험가와는 사뭇 다른 모습에 놀랐다. 그는 최첨단 아웃도어 장비도 없이 그저 러닝셔츠와 킬트kilt(랩스커트 형태의 남성 치마-편집자) 차림이었는데, 수염 아래로 각종 동물의 이빨을 꿴 가죽 목걸이를 여러 개 차고, 큼직한 등산화를 신고 있었다. 모험심으로 가득 차 생기가 도는 눈빛은 예기치 못한 것에 번뜩였고, 그의 목소리에는 진솔하고 거침없는 그만의 독특한 화법이 담겨 있었다. 우리는 존의 등반대가 1984년에 에베레스트산 정상에 도전한 이야기를 나누었다.

"그 시절에는 돈만 내면 정상에 오를 수 있는 때가 아니었어요." 존이 웃으며 말했다. 당시 에베레스트는 전체 등반 횟수가 100회도 되지 않았기에, 정상에 도전한다는 것이 결코 가벼이 여겨질 일이 아니었다. 수년이 걸리는 과정으로, 엄청난 준비와 집중력이 요구되는 데다 마지막 날이 다가올수록 정상에 올라야 한다는 압박감이 거세졌다.

더 좋은 결정을 위한 뇌과학

마지막 날 아침, 등반대의 다섯 명이 정상에 오르기 위해 캠프를 출발했다. 나머지 한 명은 피로에 지쳐 캠프에 남기로 했다. 어두컴컴한 새벽이고 날도 무척 추웠다. 바람이 세계에서 가장 유명한 산을 넘어오며 울부짖었다. 등반대는 캠프에서 잠을 잤는데(겨우 몇 시간 눈을 붙인 것도 '잠'이라고 할 수 있을지 모르지만), 그곳은 서쪽 능선의 약 8,000미터 지점으로, 이 능선은 역사상 한두 번밖에 오르지 않은 경로였다.

요즘 넷플릭스나 디스커버리 채널에서 볼 수 있는 대규모 셰르파 군단이 짐과 로프, 사다리, 산소통을 날라주고 안전요원들이 등반가들을 내내 감독하는 장면과는 차원이 달랐다. 1984년에는 이런 것이 하나도 없었다. 최첨단 기술의 등산복도, 에너지젤도 없었고, 그저 대원 여섯 명만이 혹독한 추위와 어둠 속에서 텐트를 쳤다.

정상으로 출발한 다섯 명은 가파른 계곡을 천천히 올라가며 처음에는 시속 160킬로미터로 휘몰아치는 찬바람으로부터 어느 정도 보호받았지만, 존은 아침 내내 그 바람을 걱정했다. 바람이 잦아든다면 정상에 오를 수 있겠지만, 그게 아니라면 문제가 될 수 있을 것 같아서였다.

존은 탐험가들 사이에서 '강철 위장'의 소유자로 유명하다. 몸이 아픈 적이 없고 인도에서 태국까지 길거리 음식을 먹고 다니면서도 탈이 난 적이 없어서였다. 그런데 그날 아침은 어쩐지 뱃속이 더부룩했다. 속이 울렁거리고 몸이 축 처지는 기이한 느낌이 들었다. 그는 이를 "편치 않은 느낌"이라고 표현했다.

처음에는 왜 그런지, 무엇이 원인인지 몰랐다. 천천히 한 걸음씩 오를 때마다 그 느낌이 점점 강해졌고, 내면의 작은 목소리가 '무언가가 잘못됐어'라고 속삭이는 것만 같았다. 마침 늦여름으로 에베레스트산 등반 시즌의 막바지였고, 겨울철은 추워서 정상에 오를 수 없기에, 이번 도전이 마지막 기회였다. 양자택일의 기로였고, 지금 멈추면 올해는 그것으로 끝이었다. 그 고도에서는 공기가 희박하고 산소가 위험할 정도로 적어서 대개는 판단력이 흐려진다. "모든 타성이 정상으로, 계속 위로, 위로, 위로 올라야 한다고 말했어요." 존이 말했다.

그러다 존은 갑자기 멈춰 섰다. "안 되겠어." 그가 대원들에게 말했다. "다 잘못됐어. 저 위로 올라가면 바람이 너무 거셀 거야. 운이 좋아야 동상에 걸릴 거고, 최악의 경우엔 모두가 그냥 날아갈 거야."

대원들은 존의 말에 충격을 받아 멈춰 섰고, 그런 식으로 말한 데 불쾌해했다. 그들은 협곡의 꼭대기, 바람을 막아주는 마지막 지점이자 더 가면 돌이킬 수 없는 지점에 있었다. 존은 그의 표현대로 "영혼 깊은 곳에서 올라오는 내면의 목소리"를 따라 확신에 차서 말했다. "여기까지야. 다시 내려가야겠어."

두 대원이 잠시 고민하고는 존의 말을 따르기로 했고, 나머지 두 대원은 "아뇨, 저희는 해낼 겁니다. 끝까지 갈 거예요"라고 말했다.

두어 시간 후, 존과 두 대원이 조심조심 되짚어 하산하는 사이, 계속 올라간 두 대원이 얼음과 눈에 미끄러져 존과 대원들 옆을 아슬아슬하게 비켜 내려갔다. "그들이 우리를 덮칠 뻔했어요." 존이 씁쓸하게 말했다. 그들은 결국 추락해 사망했다. 존은 잠시 말을 끊었다가 말했다. "난 고작해야 그들이 동상 정도에 걸릴 줄 알았는데… 그들은 추락했어요."

이처럼 생사를 가르는 상황에서 거기서 멈추고 다시 내려가야겠다는 판단은 난데없이 떠오른 생각이 아니라, 항상 '느낌'에서 시작했다. 속이 울렁거리는 느낌, 몸이 무겁고 불편한 느낌, 때로는 메스꺼움 같은 느낌이 있었는데, 항상 느낌이나 감각이 먼저지, 이성적인 사고나 개념이 먼저가 아니었다.

직관이란 '무의식적 정보를 학습하고 생산적인 방식으로 활용해 더 나은 결정이나 행동을 끌어내는 능력'이다. 그런데 우리의 결정이 어떻게 무의식적 정보에 접근할 수 있을까?

존의 뇌는 바람과 온도, 등반대의 상태, 그밖에도 수많은 요소를 처리했다. 그가 인식하지 못하는 상태에서 이 모든 소중한 정보를 처리한 것이다. 그의 뇌는 수많은 등반 경험에서 특정 정보의 패턴이 특정 결과로 이어지는 경향을 학습했다. 당시 그의 감각은 부정적 결과로 처리한 정보와 연결됐다. 능선을 타고 내려오는 바람과 능선 위에서 눈이 형성된 형태, 구름이 움직이는 모양을 비롯해 에베레스트산에서 나타난 온갖 미세한 패턴이 부정적 연상을 불러일으킨 것이다. 이 연상은 다시 부정적 느낌과 불안한 느낌, 속이 울렁거리는 느낌을 불러냈고, 결국 그의 결정으로 이어졌다.

문제는 이런 정보에 어떻게 접근하느냐는 것이다. 무의식적 정보에 접근하고 이 정보를 사용하는 두 가지 주요 방법이 있다. 하나는 느낌과 전형적인 직관을 통하는 방법으로, 존이 에베레스트산에서 경험한 것과 같다. 다른 하나는 몸이 직접 물리적으로 행동하는 방법이다. 이를테면 왼쪽으로 뛰거나, 오른쪽으로 뛰거나, 공을 패스하거나, 스카이호크 전투기의 조종간을 당기는 행동이다. 몸의 동작은 무의식 일부에 직접 접근할 수 있기 때문이다.

직관으로 결정하는 사람들은 종종 배나 가슴, 온몸으로 "느꼈다"라고 보고한다. 여기서 핵심은 그들이 무언가를 '느꼈고' 그 느낌이 결정으로 이어졌다는 사실이다.

그렇다면 우리의 몸에서 무의식적 정보의 효과를 어떻게 느

더 좋은 결정을 위한 뇌과학

낄 수 있을까?

직관이 여섯 번째 감각, 곧 육감으로 불린다는 말을 들어봤겠지만, 사실 우리의 감각 체계는 여덟 가지로 구성된다. 우리에게 익숙한 다섯 가지 감각(시각, 청각, 후각, 촉각, 미각)에 더해서, 고유수용감각proprioception*, 전정감각vestibular**, 내부수용감각interoception***이 있다.

내부수용감각은 여덟 번째 감각으로, 배가 고프거나 스트레스를 받거나 몸이 아프거나 목이 마르거나 화장실에 가야 할 때를 비롯해 다양한 내적 지각을 알려준다. 내부수용감각은 신체의 내부 상태를 순간순간 의식적, 무의식적 차원으로 전달한다. 그리고 언제 음식을 먹을지, 언제 물을 마실지, 언제 화장실에 갈지 알려주는 기능 이상의 역할을 한다.

사랑하는 사람과 헤어지거나 먼저 떠나보냈을 때 흔히 '가슴이 찢어진다'라고 표현한다. 충격을 받으면 '심장이 철렁했다'라고 표현한다. 긴장될 때는 '마음이 조마조마하다'라고 표현한다. 이렇게 신체 감각과 감정을 연결하는 언어 표현이 있다. 이런 식으로 감정을 몸으로 묘사하는 표현법의 역사는 오래됐다. 이

* 내 몸의 여러 부위가 어디에 있는지 아는 감각
** 균형과 움직임을 감지하는 감각
*** 신체 내부의 상태를 인식하는 감각

것을 '체화된 감정embodied emotion'이라고 한다. 우리가 감정을 느낄 때나 심지어 감정을 느끼기 전에도, 몸에서는 갖가지 변화가 일어난다. 심장 박동이 빨라지고, 혈압이 오르고, 땀이 나고, 호흡이 바뀌고, 근육이 긴장하거나 이완하는 식이다.

그런데 어느 것이 먼저인지, 말하자면 신체 변화가 먼저인지, 뇌에서 느끼는 감정이 먼저인지는 논란이 많은 주제다. 다만 실제 데이터는 신체 감각, 곧 내부수용감각이 우리가 감정을 어떻게 느끼는지와 연결된다는 사실을 지지한다.

감정emotion과 느낌feeling의 차이는 보편적 합의가 이루어진 개념이 아니라, 맥락에 따라 다르게 쓰이는 용어다. 그리고 이 책의 맥락에서는 감정이 여러 요소로 이루어진다고 제안한다. 감정에는 경험만이 아니라 행동과 생리적 반응까지 포함된다. 이들 요소는 우리가 세상에서 직면하는 상황에 대한 생생하고 다층적인 반응을 이룬다.

그에 비해 느낌은 감정에 대한 의식 차원의 경험으로 볼 수 있다. 다만 느낌은 감정에만 국한되지 않는다. 겨울 추위의 쌀쌀한 느낌이나 긴 하루를 보내고 난 후 피곤한 느낌처럼, 표준적 감정의 영역을 벗어난 감각을 이해하게 해준다.

신경과학자 안토니오 다마지오Antonio Damasio는 1994년에 출간된 《데카르트의 오류Descartes' Error》에서, 엘리엇이라는 환자의 사례를 소개한다. 엘리엇은 뇌종양 제거 수술을 받은 후 이상하고 흥미로운 행동의 변화를 보였다. 그는 정서적으로 무미건조해 보였고, 수술 전 정상이던 감정 반응을 보이지 않았다. 무언가를 결정하는 상황에서 각 선택의 장단점을 논리적이고 이성적으로 끝없이 따졌다. 엘리엇에게 "오늘 저녁에 어느 식당에 가고 싶어요?"라고 물으면 그는 이렇게 답했다. "이 식당에 갈 수 있지만, 이 식당은 손님이 없다고 들었어요. 그렇다면 식당이 별로라는 의미일 수도 있지만, 사실 사람이 없으면 자리를 확보할 수 있으니 가는 게 좋겠지요." 엘리엇은 이처럼 장단점을 끝없이 늘어놓았다. 여러 선택지에 일반적 감정 반응을 보이지 않으면서 무얼 하고 싶은지 결정하는 데 큰 어려움을 겪는 듯 보였다.

다마지오는 이런 사례 연구와 다른 여러 실험을 통해 '신체 표지 가설Somatic Marker Hypothesis'이라는 흥미로운 이론을 내놓았다. 여기서 '신체somatic'는 몸과 관련이 있다는 의미다. 다마지오의 이론에서는 우리가 어떤 결정을 내리기 위해 선택지를 몸에 기반한 감정으로 표시한다고 제안한다. 그리고 감정이 일지 않아 각 선택지를 좋거나 나쁜 것으로 표시하기 어렵다면, 서로 비슷한 선택지 사이에서 결정을 내리지 못할 거라고 본다. 엘리엇처럼 장단점을 무한히 비교하는 악순환에 빠진다는 것이다.

다마지오의 신체 표지 가설은 의사결정에 도움이 될 수 있다는 점에서 직관과 유사하다. 다만 직관에서 중요한 것은 몸의 내부수용감각을 통해 무의식적 정보에 접근한다는 점이다. 이런 무의식적 정보는 반복된 노출과 결과를 통해 환경에서 학습한 수많은 경험에서 나온다. 따라서 직관은 단순히 감정으로 반응을 표시하는 것만이 아니라, 수년간 축적된 무의식적 학습을 활용한다는 의미다.

이처럼 과학과 감정이 교차하는 매혹적인 세계에서는 꽤 흥미로운 상황이 펼쳐진다. 우리 연구팀의 실험을 비롯해 수많은 실험에서, 인간이 감정 자극을 의식 차원에서 인식하지 못하는 동안에도 우리의 신체는 이런 감정 자극에 계속 반응한다는 강력한 증거가 발견됐다. 다양한 과학 기술을 통해 무의식 차원에서 이미지를 조작하는 기법이 개발됐는데, 이는 단순히 이미지를 보이지 않게 만드는 기술이 아니다.

이제 연구자들은 개인에게 이미지를 제시하면서 신경과학의 수많은 기법 중 한 가지를 통해 이미지를 무의식적으로 처리하도록 유도할 수 있고, 뇌는 그 이미지를 무의식에서 처리한다. 이 책에서는 앞으로 무의식적 인식의 현실을 더 구체적으로 밝히면서 과학 실험실에서 나온 놀라운 성과를 살펴볼 것이다. 현시점 연구자들은 당신에게 공포를 유발하는 이미지, 이를테면 깔때기거미 같은 이미지를 보여준 후, 당신의 의식 차원에서는 그 이미지를 억압할 수도 있다.

여기서부터 급격히 흥미로워진다. 연구자들이 거미의 이미지를 무의식적으로 만들었기에 당신은 의식 차원에서는 거미를 인식하지 못한다. 이때 뇌 활동을 관찰해 뇌의 감정 영역이 의식과 무관하게 반응하는지 확인할 수 있다. 당신의 손가락에 작은 전극 몇 개를 부착하고 미세한 땀샘 변화를 추적할 수도 있다. 뇌가 치명적 거미의 이미지를 처리할 때 땀 분비량이 증가하기 때문이다. 우리 몸은 감정 자극이 존재하는지조차 모르면서도 여전히 그 자극에 매우 섬세하게 반응하는 것이다. 다음 장에서는 이런 기법으로 실험실에서 직관을 생성하고 측정하는 과정을 알아볼 것이다.

이처럼 인간의 내부수용감각은 우리가 무의식적 정보에 접근하는 데 필요한 주요 경로 중 하나다. 우리 몸은 무엇에 반응하는지 모르면서도 여전히 반응한다. 몸속 장기와 신체 부위가 무의식적 신호에 반응하고 내부수용감각이 이런 신호를 감지하는 것이다.

직관과 의식적 사고가 협력하는 동안 무의식이 주도하는 경우는 자주 있다. 예를 들어, 식당에 앉아 있는데 무언가가 잘못됐다는 찜찜한 느낌이 들 수 있다. 이 느낌에 주목하면 불쾌한 일을 피할 수 있지만, 무시하면 배탈이 나거나 더 나쁜 일을 겪을 수 있다.

이때 우리 마음은 의식 차원에서 장단점을 따지지 않는다. 그보다는 존이 에베레스트산 정상에서 겪은 것처럼, 우리 뇌가 주변 환경의 수많은 신호를 무의식적으로 신속히 처리한다. 이런 신호에는 식당 안의 냄새와 정돈되지 않은 테이블보, 분위기, 온도, 직원들의 태도, 그밖에 수많은 미세한 요소가 포함된다. 이런 정보가 소용돌이치며 순식간에 통합되고 연상이 자극되면서 내부수용감각이 작동해, 이런 신호를 직감으로 바꾼다.

이러한 놀라운 과정의 미묘하지만 강력한 힘이야말로 인간 뇌의 뛰어난 능력을 보여준다. 이것이 흔히 말하는 직관이다.

여기서 짚고 넘어갈 점이 있다. 내부수용감각과 감정, 직관 사이의 연결은 인지에서 몸속 장기의 역할과는 무관하다. 장내 미생물군gut microbiome이 인간의 정신 건강과 인지에 영향을 미칠 수 있는 신경전달물질을 생성하기는 하지만, 과학자들이 '직감적 반응gut response'이라고 할 때와 동일한 의미는 아니다. 우리가 몸에서 직감을 느끼는 것은 내부수용감각 때문이지, 장내 미생물군 때문이 아니다.

더 좋은 결정을 위한 뇌과학

__ 맹인이 사물을 보는 법

톰(가명)이라는 60대 남성이, 느리지만 자신 있는 걸음으로
복도를 지나간다. 그는 반소매 셔츠의 편안한 차림이고, 그의
뒤에는 긴소매 셔츠에 짙은 색 바지를 입어 좀 더 격식을 갖춘
차림의 남자가 바짝 따라간다. 오래된 대학교나 병원 건물에서
나 볼 수 있을 것 같은 낡은 분위기의 복도에는 작은 세면대와
소화기가 비치돼 있다.

복도에는 쓰레기통 두 개와 카메라 삼각대, 복사용지 상자,
서류함, 골판지 상자를 의도적으로 놓아, 실내 장애물 코스처럼
보인다. 물건들이 복도 중앙이나 한쪽 옆에 놓여 있어서, 복도
를 일직선으로 지나갈 수 없다. 톰의 뒤를 따라가는 격식 있는
복장의 남자는 톰의 모든 동작을 신중히 관찰한다.

톰은 첫 번째 장애물인 쓰레기통 쪽에 다다르자 엉덩이를 돌
리고 발의 정렬을 맞추어(한 발을 다른 발 앞에 놓아) 옆으로 걸음
을 옮기며 한쪽 벽으로 비켜선다. 첫 번째 쓰레기통을 가볍게
통과한 그는 두 번째 쓰레기통도 쉽게 통과한다. 이어서 카메라
삼각대에 부딪히려는 순간에 톰은 잠시 머뭇거리다 반대 방향
으로 몸을 돌려 오른쪽으로 비켜서 삼각대를 둘러 간다. 이어서
복사용지 상자를 조심스럽게 피하고, 다시 왼쪽으로 방향을 틀

어 골판지 상자 옆으로 비켜 지난 후 몸을 똑바로 세워 남은 복도를 지나간다.

이 장면만 보면 톰이 아무 이상이 없는 완전한 정상인으로 보일 것이다. 하지만 톰은 맹인이다. 그는 임상적 맹인으로 모든 시력 검사를 통과하지 못했다. 뇌 스캔 결과, 연이은 두 번의 뇌졸중으로 시각 피질*이 완전히 손상된 것으로 나타났다. 톰은 여느 맹인처럼 보통은 지팡이를 짚고 다니고, 정상 시력인 사람들에게 안내를 받아야 한다. 그런데 복도에서 톰의 뒤를 따라가던 남자는 누구일까? 이 실험을 진행하면서 맹인이 길을 찾는 능력을 연구하는 연구자다. 또 톰이 넘어지지 않도록 그를 도와주기 위해 따라간 것이기도 했다.

톰이 이처럼 복도에 배치된 장애물을 아무 문제없이 통과한 것은 놀라운 일이다. 맹인이 어떻게 장애물에 걸리지 않고 길을 지나갈 수 있을까? 이것은 '맹시blindsight'라는 현상의 사례다. 맹시란 시각적 사건이나 물체를 인식하지 못한 채 반응하는 상태를 말한다.

톰이 맹인이 된 이유는 뇌졸중으로 눈이 손상돼서가 아니다. 눈은 멀쩡하다. 톰은 피질성 맹시로, 뇌 손상으로 맹인이 된 사

---

* 뇌에서 두개골 뒤쪽 가장 튀어나온 부분 아래 영역

더 좋은 결정을 위한 뇌과학

례다. 여기서 흥미로운 점은, 뇌졸중으로 손상을 입지 않은 뇌 영역이 눈에서 들어오는 정보를 무의식적으로 처리한다는 사실이다. 톰은 소리나 반향 위치 측정을 사용해 탐색하지도, 눈으로 들어오는 시각 정보를 넘어선 다른 방법을 사용하지도 않았다. 복도의 장애물 정보가 톰의 뇌에 입력되지만, 인식하지 못할 뿐이다. 놀랍게도 이 정보는 무의식 차원에 머물러 있는데도 톰은 이 정보를 이용해 길을 찾을 수 있다. 이는 뇌에서 처리된 무의식적 정보가 행동에 영향을 미친다는 사실을 보여주는 강력한 사례다.

다른 몇 가지 실험에서, 톰은 행복한 얼굴과 화난 얼굴 사진을 추측한 것 이상으로 구분할 수 있었다. 반면 중립적 표정의 얼굴은 구분하지 못하고 검은 사각형과 흰 사각형도 구분하지 못했다. 연구자들은 톰에게 감정이 담긴 얼굴을 보여주면 실제로 보지 못해도 편도체가 활성화된다는 결과를 얻었다. 무의식적 정보가 시각적 의식을 생성하는 시각 피질 경로를 건너뛰고, 눈에서 곧장 감정을 관장하는 뇌 영역으로 전달된 것이다. 따라서 이 정보는 무의식에 남아 있었다. 톰은 아무것도 보지

●　뇌의 깊숙한 곳에 자리 잡은 작은 영역. 감정과 같은 자극에 자동으로 반응한다는 이유로 '파충류의 뇌'라고도 불린다

못했지만, 그의 뇌가 무의식적 정보를 감지하고 그에 따라 행동할 수 있었다.

수년간 다른 맹시 사례가 보고됐다. 이들 사례는 인간이 정보를 의식 차원에서 인식하지 못해도, 인간의 뇌는 그 정보를 활용할 수 있다는 주장을 뒷받침해 주는 강력한 증거가 됐다. 무의식적 정보는 뇌의 감옥에 갇혀 열쇠를 잃어버린 상태가 아니다. 무의식 차원의 정보는 의식 차원의 행동과 감정, 선택으로 새어 나온다. 맹시 사례는 직관을 이해하는 데 도움이 된다. 직관은 사실 무의식적 정보가 감정과 행동으로 새어 나오게 해주는 뇌의 연결 방식을 활용하는 능력이다. 그리고 직관을 통해 무의식적 정보를 활용할 줄 안다면, 이런 정보를 무시하는 사람보다 유리한 위치에 설 수 있다.

현실에서 톰은 직관을 사용해 복도를 무사히 지나갔다. 그의 뇌에는 무의식적 정보가 있었고, 그는 그 정보가 어떤 의미인지 학습하고 그 정보를 활용해 세상을 탐색할 수 있었다. 행복한 얼굴과 화난 얼굴을 판단하는 실험에서도 이 정보를 사용했다.

맹시 사례는 비록 비극적 상황이긴 하지만 직관의 힘을 잘 보여준다. 다만 직관을 기르는 연습을 하기 전에 직관을 언제 그리고 무슨 일을 할 때 신뢰할 수 있는지 이해할 필요가 있다.

더 좋은 결정을 위한 뇌과학

__ 보이지 않는 우편함에 편지 넣기

커피잔을 바라보는데, 커피잔은 보이지 않고 색과 수직선, 모서리, 곡선, 질감이 뒤섞인 덩어리가 보인다고 상상해 보라. 각기 다른 시각적 요소가 뒤죽박죽으로 엉켜 있고, 각 요소가 제대로 배열되지 않아서 정작 커피잔이 보이지 않는 것이다. 또 테이블 너머로 사과를, 사과일 것 같은 무언가를 보려 하지만, 커피잔처럼 사과의 형태도 보이지 않아서 역시나 피카소의 입체파 그림처럼 뒤죽박죽인 선과 색만 보인다. 마치 어린아이가 사과의 형상을 종이에 그리고 가위로 오려서 아무렇게나 뒤섞은 후 다시 붙여 만든 콜라주 같다. 사과의 모든 요소가 들어 있기는 해도, 제 위치에 배치되지 않은 것이다. 이것은 '시각 형태 실인증Visual Form Agnosia'을 앓는 사람이 사물을 볼 때 경험하는 것이다.

시각 형태 실인증은 뇌의 특정 영역, 곧 시각의 여러 요소를 결합해 우리가 일상적으로 보는 통합된 형태로 인식하게 해주는 영역에 손상을 입었을 때 나타난다.

어느 젊은 여자(재스민이라고 하자)가 시각 형태 실인증의 흥미로운 사례를 보여주었다. 재스민은 사고로 이 증상을 얻었다. 당시 그녀는 남편과 함께 집수리 중이었는데, 리모델링을 해본 사람이면 그 일이 얼마나 복잡하고 혼란스러운지 알 것이다. 어느 이른 아침에 재스민은 공사가 한창이던 욕실에서 샤워하고 있었다. 창문이 닫혀 있고 환풍기를 설치하는 중이었기에 금세 욕실은 수증기로 자욱해졌다. 샤워 커튼 뒤 수증기가 자욱한 구석에 구형 가스 온수기가 있었는데, 집 외벽이 아닌 욕실 안에 설치하는 모델이었다.

재스민은 뜨거운 물로 샤워하면서 더없이 기분 좋은 상태가 되었다. 그러느라 욕실이 수증기뿐 아니라, 일산화탄소로 채워지고 있을 줄은 전혀 몰랐다. 낡은 온수기가 가스를 태워 물을 데우며 일산화탄소를 내뿜은 것이다. 일산화탄소는 냄새도 맛도 없는 투명한 기체다. 그래서 흔히 일산화탄소를 마시고도 알아채지 못한다. 재스민 역시 아무 이상도 느끼지 못했다. 문제는 일산화탄소에 독성이 있다는 것이었다.

일산화탄소 중독은 대개 독감 증상처럼 시작된다. 재스민은 어지러움을 느꼈고, 이내 현기증이 나며 세상이 빙글빙글 돌았다. 심장이 빠르게 뛰고 숨쉬기가 힘들어졌다. 가슴 근육이 경직되고 그 뒤로는… 아무것도 기억하지 못했다.

욕실에서 기절한 재스민은 혼수상태에 빠졌고, 한참 뒤에야 병원에서 깨어났다. 죽지 않은 것이 기적이었다. 혼수상태에서 막 깨어났을 때는 상태가 좋았다. 생명 징후도 긍정적이었다.

더 좋은 결정을 위한 뇌과학

하지만 시력에 이상이 생겼고, 사물이 또렷이 보이지 않았다.

재스민이 어느 정도 회복했을 때, 의사들은 일산화탄소 중독으로 인한 신경 손상 여부를 알아보기 위해 검사를 시작했다. 얼마 후 심각한 시력 문제가 드러났다. 재스민에게 내려진 진단은 시각 형태 실인증이었다. 사물이 뒤죽박죽인 입체파 콜라주처럼 보이는 증상이 나타났다. 추가 검사와 뇌 스캔에서 그녀의 뇌 측두와 후두 부위 양쪽 모두에 손상을 입은 것이 드러났다. 이 부위는 뒤통수의 가장 튀어나온 부분에서 옆으로 조금 돌아간 자리에 위치해 있는데, 사물의 인식을 관장하는 중요한 영역이다. 이 영역은 시각의 여러 요소를 결합하는 역할을 하는데, 재스민은 이 부위의 뇌 조직을 상당량 잃은 상태였다.

이러한 유형의 뇌 손상에 관한 좋은 소식이 있다. 해마다 환자가 줄어든다는 것이다. 기술의 발전으로 가스히터가 안전해지고 안전 시스템이 개선되면서, 시각 형태 실인증을 비롯해 뇌 손상에 의한 선택적 장애의 새로운 사례가 점점 줄고 있다. 이런 이유로 재스민처럼 시각 형태 실인증 상태로 심리학 실험에 참여하는 환자도 드물었다. 재스민은 전 세계를 돌며 호텔 생활을 하면서 여러 연구실 실험에 참가했다.

캐나다의 한 대학 연구실의 인지 신경과학자가 재스민 앞에서 연필을 들고 여러 방향으로 천천히 돌리며 그녀에게 연필의 방향을 그리게 했다. 연구자는 연필을 항상 수직 혹은 수평으로 잡았지만, 재스민의 그림에서는 선들이 가시 돋친 별처럼 사방으로 뻗어 있었다. 재스민이 연필의 방향을 모르면서 짐작하여 그린 것이다.

그런데 실험이 진행되는 동안 재스민이 연필에 호기심을 보였다. 그녀는 "그걸 좀 봐도 될까요?"라고 물으면서 오른손을 내밀어 연구자가 든 연필을 잡으려 했는데, 그 순간 재스민의 손이 정확히 연필의 방향에 맞춰 돌아가 연필을 쉽게 잡았다.

연구원들은 깜짝 놀랐다. 재스민 눈에는 모든 것이 뒤죽박죽인 콜라주처럼 보였을 텐데, 어떻게 연필을 쉽게 잡을 수 있었을까? 연구자들은 연필을 다시 가져가 다른 방향으로 기울인 후 다시 손을 뻗어 연필을 잡아보라고 했다. 재스민이 손을 들자 연구자들은 또 한 번 놀랐다. 손이 연필의 방향에 정확히 맞춰 돌아간 것이다. 재스민은 손목을 완벽히 기울이고 연필 두께에 맞게 손가락을 정확히 벌려서 연필을 쉽게 잡았다.

앞서 연필의 방향을 그리게 했을 때, 재스민은 그저 짐작만으로 이를 그렸다. 그런데 어째서인지 손을 뻗을 때는(몸으로 행동할 때는) 연필의 방향에 관한 정보에 접근한 듯 보였다. 재스민의 손은 뒤죽박죽인 시각 정보가 아니라, 다른 무언가를 사용해 연필을 잡은 것 같았다.

더 좋은 결정을 위한 뇌과학

연구자들은 이러한 현상을 더욱 체계적으로 실험하기 위해, 연필 대신 직접 제작한 우편함 모양 소품을 사용하기로 했다. 이 소품엔 가정용 우편함처럼 좁은 사각형 입구가 있었는데, 연구자들이 우편함을 돌리며 원하는 각도로 방향을 바꿀 수 있었다. 실험의 첫 단계에서 연구자들은 재스민에게 우편함 입구의 방향을 그리게 했다. 연구자들이 우편함의 방향을 바꿀 때마다 재스민은 선을 그렸지만, 선들이 제각각이었고, 또다시 짐작으로 그리는 듯 보였다.

　연구자들은 실험의 두 번째 단계에서 재스민에게 편지 봉투를 주면서 우편함에 넣게 했다. 재스민은 망설임 없이 편지 봉투를 집어 우편함 입구를 정확히 찾아 양옆에 걸리지도 않게 쏙 집어넣었다. 다음으로 연구자들이 우편함의 방향을 바꿔도 재스민은 손쉽게 편지 봉투를 넣었다. 어떻게 우편함의 방향을 인식하지 못하면서 편지 봉투를 정확히 집어넣을 수 있었을까?

　이 실험은 우리의 시각 체계와 운동 체계가 상당히 다른 정보에 의지하는 기제를 보여주는 흥미로운 사례다. 연필과 우편함의 방향에 대한 정보가 재스민의 뇌에 들어갔지만, 무의식 차원에 남았다. 그래서 의식 차원에서는 이 정보를 인식할 수 없었다. 눈에 보이는 거라고는 뒤섞인 색과 선뿐이었다. 의식 차원에서 우편함의 방향을 그리거나 설명하는 데는 실패했지만,

손을 뻗어 편지를 넣기 위해 행동할 때 팔과 손이 무의식 차원의 정보를 이용할 수 있었다. 무의식적 정보가 자동으로 재스민의 행동에 영향을 미치고 행동을 유도한 것이다.

나는 이 능력을 맹시와 나란히 놓이는 용어로 '맹행blindaction'이라고 부른다. 무의식적 정보를 활용하는 뇌의 놀라운 능력을 보여주는 또 하나의 사례다. 재스민과 같은 맹행 사례는 직관이 어떻게 행동으로 발현되는지 보여준다. 스포츠나 다른 신체 활동을 할 때, 무의식적 정보가 당신의 행동에 영향을 미치는 과정을 생각해 보라. 예를 들어, 당신의 뇌에는 당신이 인지하지 못하는 공의 위치 정보가 들어 있을 수 있다. 그러면 공을 발로 차기 위해 자세를 잡을 때 다리와 발(사실은 뇌)이 이 무의식적 정보를 이용해 공을 더 잘 찰 수 있지 않을까?

맹시와 맹행은 뇌의 무의식적 정보가 인간의 결정과 행동에 어떻게 영향을 미칠 수 있는지를 보여주는 사례다. 우리는 무의식적 정보에 관해 직접 질문을 받으면 그 정보에 의식적으로 접근할 수 없다. 톰은 복도에서 아무것도 보지 못했고, 재스민은 연필과 우편함을 혼란스럽게 뒤섞인 색과 선으로만 보았다. 존은 그날 아침 에베레스트산에 오르는 것이 위험하다는 것을 의식 차원에서는 몰랐지만, 직감으로 무언가 이상하다고 느꼈다. 무의식적 정보는 어떤 식으로든 새어 나와 우리가 느끼거나 행

더 좋은 결정을 위한 뇌과학

동으로 반응하게 해준다. 직관의 기저에는 이러한 역학이 있다. 직관은 학습된 능력이므로 누구나 제이슨과 존, 톰, 재스민처럼 직관을 사용할 수 있다. 다시 말해, 우리 뇌의 무의식적 정보를 활용해 더 나은 결정을 내리고 더 나은 행동을 할 수 있다는 뜻 이다.

맹시와 맹행은 직관의 본질을 설명해 줄 뿐 아니라, 연습으로 가능한 직관의 잠재력을 보여주는 중요한 단서다. 우리는 뱃속에서든 가슴에서든 손끝에서든, 몸의 무의식적 정보를 감지할 수 있다. 이것이 내부수용감각의 기능이다. 낯선 사람을 만날 때의 뭐라 설명할 수 없는 불안감이나, 어떤 상황을 예상할 때 가라앉는 듯한 느낌 등이 주어진 상황에 대한 중요한 통찰을 줄 수 있다. 물론 이 책에서 제안하는 다섯 가지 규칙(SMILE)을 충족해야 하지만.

이런 무의식적 정보와 의식적 결정의 융합이 바로 경험으로 단련된 직관이다. 직관은 우리를 더 나은 의사결정으로 이끌고, 우리 삶의 숨겨진 힘을 더 깊이 이해하도록 이끌어줄 수 있다. 당신이 이러한 이중 구조를 받아들인다면 의식 아래에 숨겨진 지혜의 원천에 다가갈 수 있을 것이다.

__ 잘못된 직관

소프트웨어팀은 지난 3주 동안 밤낮없이 프레젠테이션 작업에 매달렸다. 마침내 반질반질한 광택지로 실물 크기의 모형을 제작하는 것으로 준비를 완벽히 마쳤다. 초대형 인쇄물이 이사회실 삼각대에 놓였다. 다들 긴장한 기색이 역력했다. 손가락을 꼼지락거리고, 엉덩이를 들썩여 고쳐 앉으며, 물로 마른 목을 축였다. 소프트웨어팀의 마이크 에반젤리스트가 일어서서 마지막으로 모든 모형을 다시 점검했다. 스크린숏과 메뉴 옵션, 서류 더미까지 모두 순서대로 펼쳐진 채 준비가 끝났다. 모든 것이 준비됐고, 더는 할 일이 없었다.

회의실 유리문이 열리고 스티브 잡스Steve Jobs가 자신만만하게 들어섰다. 그는 잠시 회의실의 모든 사람과 모든 사물을 단번에 흡수하듯 둘러보았다. 그러고는 차분하고 정확한 동작으로 빈 화이트보드로 가서 마커를 집었다. 그는 준비된 모형은 쳐다보지도 않았고, 프로토타입에 관해서도 질문하지 않았다. 그리고 아무런 설명도 없이, 아무와도 상의하지 않은 채, 화이트보드에 커다란 사각형을 그렸다.

"여기 새로운 애플리케이션이 있습니다. 창이 하나 있죠. 이 창에 동영상을 끌어다 놓습니다. 그런 다음 '굽기burn' 버튼을 클

릭하면 됩니다. 이게 다입니다. 이게 바로 우리가 만들려는 겁니다."

마이크 에반젤리스트와 소프트웨어팀은 할 말을 잃었다. 업계의 다른 어느 곳에서도 이런 식으로 제품 설계를 결정하지 않는다. 어떻게 한 사람의 아이디어, 한 사람의 직감에 따라 제품을 설계할 수 있겠는가? 그 사람의 직관이 틀리면 어쩌려고?

제품 설계 과정에서는 대개 집단 구성원의 의견을 모아 첫 프로토타입을 제작한다. 그런 다음 포커스그룹이나 사용자 중심 테스트와 피드백을 받는다. 이렇게 여러 집단이 다양한 선택지의 장단점을 논의하고 제안한 다음, 더 많은 사용자 테스트를 거치게 된다. 그러나 여기 애플에서는, 무엇보다 스티브 잡스와 함께 일할 때는, 이런 과정이 생략됐다. 잡스의 유명한 말이 있다. "어떤 사람들은 '고객이 원하는 것을 주자'라고 말합니다. 하지만 그런 건 내 방식이 아닙니다. 우리가 할 일은 고객이 원하기도 전에 무엇을 원할지 간파하는 일입니다." 포드자동차의 헨리 포드가 한 유명한 말이 떠오른다. "내가 고객들에게 원하는 것이 무엇인지 물었다면, 아마 '더 빠른 말'이라는 대답이 돌아왔을 겁니다."

마이크 에반젤리스트는 DVD 굽기 프로그램을 설계하는 작업을 위해 애플에 영입됐고, 이 프로그램은 결국 iDVD로 출시

됐다. 그리고 이 프로그램은 잡스의 아이디어에 충실했다. 잡스가 자신의 선택 중, 무엇이 성공하고 무엇이 실패할지에 대한 직관에 얼마나 자신만만했는지 보여주는 대목이다. 잡스가 직관에 보인 집착은 월터 아이작슨Walter Isaacson이 쓴 잡스의 전기에도 잘 드러난다.

> 사람들은 데스크톱을 직관적으로 다루는 법을 안다. 사무실에 들어가 보면 책상 위(데스크톱)에 서류가 놓여 있다. 맨 위에 놓인 서류가 가장 중요하다. 사람들은 우선순위를 바꾸는 법도 안다. 우리가 데스크톱과 같은 비유로 컴퓨터를 모델링하는 이유는, 사람들이 이미 해본 경험을 이용할 수 있기 때문이다.

스티브 잡스는 자신의 직관을 따랐을 뿐 아니라, 고객들이 그 제품을 어떻게 사용할지도 알았다. 그가 직관적 결정을 내리고 소비자가 애플 제품을 직관적으로 사용하기를 원했다는 사실을 보여주는 예는 이외에도 무수히 많다. 그렇다면 잡스는 어떤 것이 성공할지 어떻게 알았을까? 그가 그 분야에서 오래 종사하며 새로운 아이디어를 실제 제품으로 바꾸는 작업을 해오며 숙달도를 쌓았기에 가능했다. 앞에서 본 것처럼 특정 분야의

더 좋은 결정을 위한 뇌과학

숙달도는 직관을 위한 다섯 가지 규칙 중 하나이다. 이 주제에 관해서는 앞으로 자세히 다루겠다.

아이작슨이 전기에 인용한 잡스의 유명한 말 중 다음과 같은 것이 있다. "직관은 매우 강력한 것이다. … 지능보다 더 강력하다." 청년 시절 잡스는 영적 깨달음을 얻기 위해 인도에서 7개월을 보냈다. 그 시기에 직관을 사용하고 직관을 신뢰하며 직관에 의지하는 법을 배웠다.

안타깝게도 잡스는 2011년에 췌장암으로 세상을 떠났는데, 생전 건강에 관한 한 그의 선택은 그다지 명료하지 않았다. 그는 2003년에 신장에 그림자가 져서 신장 결석인지 확인하기 위해 CT 스캔을 받았다가 우연히 암을 발견했다. 신경 내분비 소도 종양으로 밝혀졌는데, 이는 서서히 자라기에 보통 완치가 가능한 희귀성 종양이었다.

그런데 이상하게도 잡스는 암 진단을 받고 9개월 동안 수술을 거부하면서 식이 요법과 생활 방식의 변화와 같은 비침습적 치료법을 시도했다. 아이작슨에 따르면, 잡스는 "내 몸을 여는 것을 원하지 않았다. … 그런 식으로 침범당하고 싶지 않았다"라고 말했다. 수술을 거부하는 그의 태도를 아내와 가까운 지인들은 이해하지 못했기에 계속 그가 수술을 받게끔 설득했다.

잡스의 직관은 애플에서 잘 통했다. 그는 직관에 따라 제품을 설계했고, 직관에 따라 애플의 전체 방향성을 설정했다. 그런데 왜 다른 영역에서는 그의 직관이 통하지 않았을까? 왜 애플에서는 그렇게 성공적으로 직관을 사용하고도, 건강 문제에는 같은 식으로 접근하지 못했을까?

잡스가 사망한 후, CBS 〈60분 *60Minutes*〉의 진행자 스티브 크로프트는 아이작슨에게 잡스의 의료 관련 결정에 관해 이렇게 물었다. "어떻게 그렇게 똑똑한 사람이 그런 어리석은 선택을 할 수 있었을까요?"

그 답은, 잡스가 제품 설계와 개발, 혁신에서 세계적 수준의 숙달도를 쌓았기에 그의 직관이 업무에서는 빛을 발할 수 있었던 데 반해, 건강 문제에서는 그만큼의 숙달도를 쌓지 못했기 때문에 직관을 발휘할 수 없었다는 것이다. 직관을 개발하기 위한 다섯 가지 규칙 중 두 번째인 숙달도는, 직관을 발휘하는 데 핵심 요소다. 직관은 학습된 기술이고, 우리 뇌는 선택과 결과 사이의 연결을 구축해야 한다. 더욱이 직관을 개발하는 맥락이나 환경도 중요한 요인이다. 학습에서는 맥락이 중요하기 때문이다. 직장에서 개발된 직관이 다른 상황이나 환경으로는 온전히 전이되지 않는다는 뜻이다. 앞서 보았듯 환경은 'SMILE'의 마지막 규칙이다.

다시 말해, 직관은 단순히 우리가 가지고 있거나 가지고 있지 않은 무언가가 아니다. 흑백논리처럼 그렇게 단순한 문제가 아니다. 앞으로 이 책에서 다루겠지만, 직관이 무엇이고 무엇이 아닌지를 이해하면 직관이 얼마나 복잡한지 알게 될 것이다. 다행이라면 직관을 사용하는 규칙은 단순하고 따르기 쉽다는 것이다.

잡스의 경우처럼 직관을 사용하려다가 실패하는 것을 '잘못된 직관misintuition'이라고 한다. 직관이 불발된 경우다. 우리는 과학에 기반한 생산적이고 유용한 직관과 잘못된 직관을 구별해야 한다. 따라서 직관을 보다 명료한 언어로 정의하면 직관이 실제로 무엇인지에 관한 혼란을 피할 수 있다.

잡스는 자신의 건강을 위해 직관을 사용한다고 믿었고, 맹목적으로 그 직관을 따랐다. 하지만 사실 그가 따른 것은 잘못된 느낌, 곧 잘못된 직관이었다.

직관이 무엇인지를 아는 것 그리고 직관이 언제 작동하고 언제 작동하지 않는지를 이해하는 것은 이 책의 주요 목표이기도 하다. 우리는 직관을 사용하고 신뢰할 수 있지만, 항상 그런 것도 아니고 모든 주제에 적용할 수 있는 것도 아니다.

다섯 가지 필수 규칙을 충족하지 않은 채 직관을 따른다면, 최선이 아닌 선택을 하거나 부적절한 행동을 할 가능성이 커진다. 진정한 직관을 따르는 것이 아니라, 잘못된 직관에 빠질 수 있다는 말이다.

뇌는 우리를 속이기를 좋아하고, 또 잘 속인다. 뇌는 수많은 교묘한 인지적 편향을 이용해 우리의 의사결정 과정을 방해하려 한다. 인지적 편향에 관해서는 나중에 자세히 알아보겠지만, 슈퍼마켓부터 보험회사에 이르기까지 다양한 사업체가 인지적 편향을 이용해 우리 눈을 속이고 돈을 더 쓰게 만든다는 말을 들어본 적이 있을 것이다.

인지적 편향은 직관과 혼동될 때가 많다. 의식적으로 완전히 인지하지 못한 상태에서 어떤 결정을 내리게 된다고 해서 반드시 직관은 아니다. 이런 식으로 생각하면 거의 모든 것을 직관으로 부르게 되는데, 이는 지나치게 일반적인 정의다. 직관을 이해하고 개발하는 데 실질적으로 진전을 이루려면 우선 이를 명확히 이해할 필요가 있다.

갈망과 중독은 아무리 자연스럽고 필요한 것처럼 느껴져도, 또 하나의 잘못된 직관이다. 알다시피 이 둘은 특히 교묘하게 작용할 수 있다. 직관의 다섯 가지 규칙이 충족되지 않으면, 온갖 잘못된 직관이 마치 직관인 양 나타날 수 있다는 것도 주의하자.

더 좋은 결정을 위한 뇌과학

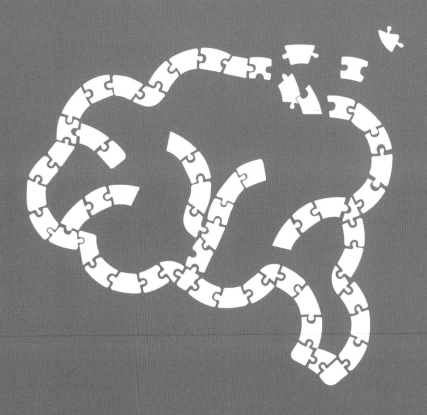

2장
직관 측정하기

INTUITION
TOOLKIT

●

직관에 관한 좋은 측정 기준이나 과학적 근거가 부족한데도, 비즈니스나 스포츠, 영적 분야, 심지어 군사 분야의 다양한 사람들이 직관에 관한 지식을 갈망했다. 그런데 왜 직관에 관심을 가지는 과학자는 소수에 불과했을까? 과학자들은 여전히 직관을 어떻게 정의하는 것이 가장 좋은지, 직관이 긍정적 현상인지 부정적 현상인지, 직관이 유용한지 잘못된 길로 유도하는지에 관해 논쟁했다. 심지어 직관의 존재 자체에 의문을 품기도 했다. 하지만 실제로 실험실에서 직관을 측정하는 방법을 개발하려고 시도하는 과학자는 드물었다.

__ 모든 여정의 시작

지난 25년 동안 나는 인간의 뇌에서 무의식적 정보를 처리하는 과정에 관해 연구해 왔다. 연구의 목표는 인간의 뇌에 정보를 무의식적으로 전달하고, 다음으로 그가 해당 정보를 의식할 때와 비교하는 것이었다. 그런 다음 인간이 의식할 때와 의식하지 않을 때의 뇌 활동이나 행동의 차이를 분석해 뇌가 무언가를 의식할 때 행동에 어떤 영향을 미치는지 알아내는 것이다.

우리 연구팀은 무의식적 마음이나 뇌가 정보를 처리하는 신비로운 과정을 밝혀내기 위한 일련의 발견을 꼼꼼히 기록했다. 우리 연구팀뿐 아니라 다른 많은 연구팀의 연구 결과에 따르면, 방대한 정보가 의식되지 않은 채 처리될 수 있다. 과학자들은 이러한 발견을 통해 무의식의 미묘한 작용이 우리의 의사결정에 어떻게 영향을 미치는지 보여주었다.

직관에 관한 연구에 집중하기 전에, 나는 색이나 움직임 같은 낮은 차원의 감각 처리에 관해 연구했다. 그러나 알다시피 직관은 본능적 경험, 곧 몸에서 느껴지는 느낌과 감정, 직감을 포함하는 감각이다.

2013년에 나는 인도네시아에서 박사 과정을 밟기 위해 시드니에 온 갈랑 루피티안토Galang Lufityanto와 함께 연구를 시작했다. 갈랑은 직관을 연구하고 싶어 했지만, 나는 약간의 의구심을 품었다. 직관을 과학적으로 측정하는 좋은 방법을 본 적이 없어서였다. 당시 직관에 관한 과학 이론은 혼재된 상태였고, 실은 직관 이론 자체가 거의 없다고 할 수 있었다. 앞 장에서 소개한 톰과 재스민의 사례 연구처럼 흥미로운 부분도 있었고 나도 존의 일화와 같은 이야기를 많이 들어봤지만, 누구에게나, 언제든지 사용할 수 있는 직관을 연구하기 위한 방법론이 필요했다.

갈랑과 나는 사람들이 직관을 어떻게 정의해 왔는지, 나아가 직관이 무엇이고 무엇이 아닌지에 관해 논의를 시작했다. 실증적 연구가 부족한 이유는 무엇인지, 명확한 정의가 없는데도 직관에 대한 비과학적 책이 쏟아져 나오는 이유는 무엇인지에 관해서도 이야기를 나눴다. 사실 과학자가 아닌 많은 사람이 직관을 과학을 넘어선 개념으로 정의하고, 마법과 비슷한 육감 정도로 여기고 있었기 때문이다.

이처럼 직관에 관한 좋은 측정 기준이나 과학적 근거가 부족한데도, 비즈니스나 스포츠, 영적 분야, 심지어 군사 분야의 다양한 사람들이 직관에 관한 지식을 갈망했다. 그런데 왜 직관에 관심을 가지는 과학자는 소수에 불과했을까? 과학자들은 여전히 직관을 어떻게 정의하는 것이 가장 좋은지, 직관이 긍정적 현상인지 부정적 현상인지, 직관이 유용한지 잘못된 길로 유도하는지에 관해 논쟁했다. 심지어 직관의 존재 자체에 의문을 품기도 했다. 하지만 실제로 실험실에서 직관을 측정하는 방법을 개발하려고 시도하는 과학자는 드물었다.

어차피 각기 다른 결과가 나올 것으로 예상한 것이다.

과학자들은 명확한 정의가 있어야 실증적 연구를 시작할 수 있다고 믿는다. 합의된 정의가 없다면 저마다 다른 대상을 측정해서, 오히려 새로이 발전하는 연구 분야에 혼란만 초래하고 중요한 발견을 방해할 수 있어서다. 다만 주의할 점이 있다. 실제로 어떤 정의를 합의하기 전에는 더 많은 자료가 필요하다. 닭이 먼저냐 달걀이 먼저냐의 딜레마로, 정의가 먼저인가 자료를 얻기 위한 연구가 먼저인가 하는 질문에 직면한다.

이 딜레마를 해결할 방법 중 하나는, 임시 정의를 사용하는 것이다. 임시 정의란 연구를 시작할 수 있을 만큼의 임시적인 설명으로, 연구자들에게 이론과 모형을 세우고 실험을 시작하도록 영감을 주거나 도전의식을 불러일으키는 개념이다. 그래서 직관에 관한 나의 임시 정의는, 직관이란 '더 좋은 결정과 행동을 위해 무의식적 정보를 학습하고 생산적으로 활용하는 것'이었고, 이 책에서 앞서 제시한 정의와 거의 동일하다.

다음 단계로 갈랑과 나는 이 정의를 실제로 측정하고 검증할 수 있는 방법을 찾기로 했다. 나는 아리스토텔레스의 제1원리 사고를 매우 좋아한다. 제1원리 사고란 더 이상 추론하거나 나눌 수 없는 기본 가정이나 요소를 의미한다. 물질의 기본 단위처럼 말이다. 제1원리 사고는 과학의 핵심이자 공학의 핵심이기도 하다. 제1원리로 돌아가면 어떤 일이 현재 진행되는 과정에서 문제점이 드러날 수 있다. 세대를 거쳐 내려오는 구식 제조법을 사용하는 산업을 예로 들 수 있다. 이런 산업에서는 공정의 본질적 요소나 원리를 새롭게 시작하고 결합해서 더 새롭거나 효율적이거나 저렴하거나 빠른 방법을 고안할 수 있다.

일론 머스크도 스페이스X SpaceX에서 로켓을 설계하고 제작할 때 그의 제1원리 사고에 대해 이야기했다. 그는 로켓의 기본 재료로 돌아가, 강철과 고무, 유리 등 로켓을 제작하는 데 필요한 재료의 비용과 가용성을 따져보고 이전의 제작 방법을 재고

더 좋은 결정을 위한 뇌과학

한다. 스페이스X는 현재 우주 탐사의 선두에 선 기업 중 하나다. 머스크의 성공으로, 제1원리 사고가 무언가의 근본으로 들어가는 방법으로 다시금 인기를 얻었다. 이미 제작된 로켓을 사는 대신, 다시 설계하면서 기초 단계부터 제작에 들어갈 비용을 검토하는 것이다. 그러면 비용이 줄어들 뿐 아니라, 무엇보다 구식 설계의 나쁜 습관이나 낡은 기술, 실수를 물려받지 않을 수 있다.

심리학과 신경과학도 마찬가지다.

제1원리 사고는 거의 모든 분야에 적용된다. 갈랑과 나는 이 개념을 이용해 직관을 측정하기로 했다. 우리는 몇 달에 걸쳐 직관의 임시 정의를 정하며, 직관이 무엇이고 무엇이 아닌지에 대한 기본 요소를 정리했다. 이 과정에서 의도적으로 다른 사람들이 직관을 측정하기 위해 제시한 방법을 무시했다. 지금까지의 직관 연구에서 생길 수 있는 편향을 피하기 위해 완전히 새로운 시각으로 출발한 것이다.

우리는 직관의 핵심 요소 중 하나가 무의식적 정보에 기반한 결정, 곧 '왜인지 모르고도 무언가를 아는 상태'라는 사실을 발견했다. 또 하나는 결정의 속도, 곧 빠른 직감적 반응이었다. 다음 단계에서 우리는 신경과학과 심리학 문헌을 검토해 직관의 이러한 요소들을 측정할 도구와 방법을 찾아야 했다.

__ 감정 심기

2010년 영화 〈인셉션〉에서, 리어나도 디캐프리오Leonardo Di-Caprio가 연기한 돔 코브는 가장 엄밀한 보안 유형인 잠재의식 보안 분야의 전문가다. 코브는 어느 회사 CEO의 무의식에 어떤 생각을 심어 그의 결정에 영향을 미치게 하라는 임무를 맡았다. 코브와 그의 팀은 이 임무를 위해 꿈을 해킹한다.

우리가 연구실에서 직관을 연구하기 시작했을 때, 이 영화가 내 사고에 점점 더 많은 영향을 미쳤다. 우리가 정의한 직관의 개념에서 핵심 요소 중 하나는 우리가 이용하려는 지식이 무의식 차원에 있어야 한다는 점이었다. 따라서 우리는 사람들에게 무의식적 정보를 제공하고 뇌에 심은 후 사람들이 의사결정에서 이 정보를 어떻게 사용하는지 알아볼 방법을 찾아야 했다. 이런 방법이 가능하다면 실험실에서 직관을 생성하기 위한 초석을 놓은 셈이었다. 다만 누군가의 마음에 정보를 심기 위해 꿈을 해킹하는 것보다 손쉬운 방법이 필요했다. 그래서 다소 버거워 보이는 과제에 이르렀다. 코브의 팀이 시도한 극단적 방법까지 가지 않고도 해낼 방법이 있을까?

앞서 언급했듯이, 우리 연구팀은 10년 넘게 의식에 관해 연구해 왔기에 의식을 통제하기 위한 여러 방법론에 익숙했다. 의

더 좋은 결정을 위한 뇌과학

식 연구는 자동차 추격전이나 총격전이 빠진 〈인셉션〉과 조금 닮았다. 물론 현실에 꿈을 해킹하는 기술은 없지만, 마음에 정보를 심는 방법은 몇 가지가 있다.

우리 연구팀은 피험자의 한쪽 눈에 물체를 제시하고 그 물체에 대한 의식을 통제하는 방법을 선택했다.

두 눈으로 실내를 둘러보면 자연스럽게 아름다운 3차원의 깊이가 보인다. 어떤 물체가 다른 물체보다 더 가까이 있다는 것을 특별한 노력 없이도 즉각적으로 지각할 수 있다. 이런 지각 덕분에 우리가 날아오는 공도 잡고 손을 뻗어 커피잔도 집을 수 있는 것이다.

뇌는 양쪽 눈 모두에 들어오는 시각 정보를 결합해 이런 작업을 한다. 두 눈은 코를 사이에 두고 양쪽으로 나뉜 채로 각자 세상을 약간 다르게 본다. 간단히 확인하기 위해 얼굴에서 한 뼘 거리에 손가락 하나를 세워보자. 손가락에 초점을 맞추지 말고, 눈을 편하게 풀고 저 너머의 벽이나 창밖이나 방 건너편의 무언가를 보라. 그러면 손가락이 두 개로 보일 것이다. 손가락이 약간 투명하고 기묘하며 각 눈에 별도의 이미지로 보일 텐데, 이는 정상이다. 이 실험을 통해 각 눈이 뇌로 전달하는 두 갈래의 정보 흐름을 엿볼 수 있다. 뇌는 별개의 두 이미지를 결합해, 우리가 주변을 볼 때 보이는 3차원 세계로 연결해 준다.

하지만 인위적으로 두 개의 전혀 다른 이미지를 한눈에 하나씩 제시하면(일상에서는 거의 일어나지 않는 현상), 뇌에서 제대로 결합하지 못한다. 이때는 시각 체계가 경쟁 체제에 돌입하는데, 신경과학자들은 이런 현상을 '양안 경쟁Binocular Rivalry'이라고 일컫는다.

뇌는 양안 경쟁에 대한 흥미로운 해결책을 제시한다. 바나나와 초록 사과, 두 개의 물체가 있다고 하자. 이 둘은 모양이나 질감, 색상이 서로 매우 다르다. 통제된 실험실에서 뇌가 이 두 물체를 접하면, 처음에는 하나의 이미지로 보이다가 이내 그 이미지가 사라지고 두 가지 다른 이미지가 보인다. 두 이미지가 뇌에서 서로 의식을 차지하려고 경쟁하는 것이다. 실험이 적절한 방식으로 설정되고 두 이미지의 강도가 대등하다면 이처럼 놀라운 의식의 동요가 무한히 이어진다.

하지만 한쪽 물체를 밝고 화려하고 깜빡거리게 만들면 그 물체가 의식을 지배한다. 의식의 아름다운 동요가 멈추고 화려하게 깜빡이는 바나나만 보인다. 바나나가 보일 때 사과는 무의식으로 밀려나 더는 보이지 않게 된다. 하지만 사과는 여전히 눈에 보이고, 눈에서 처리되며, 처리된 정보가 시신경을 거쳐 처음에는 대뇌 피질 하부에서 처리되고 그다음에 대뇌 피질로 전달된다.

더 좋은 결정을 위한 뇌과학

이처럼 왔다 갔다 하는 양안 경쟁을 멈추는 방법을 '연속 섬광 억제Continuous Flash Suppression'라고 한다. 밝게 깜빡이는 물체가 반대쪽 눈으로 들어가는 이미지를 연속으로 억제하는 것이다.

연속 섬광 억제 현상은 꿈을 해킹하지 않고도 정보를 '심는' 데 완벽한 도구다. 이는 한쪽 눈에 사과와 같은 정보를 제시하고 맹시나 맹행처럼 그 정보를 무의식으로 넘길 수 있으므로 직관 연구에 적합하다.

직관에 관한 정의에서 또 하나의 중요한 요소는 '느껴지는' 것이라는 점이다. 흔히 직관을 몸으로 느낀다고 보고하는데, 존 뮤어가 직관을 몸으로 느낀 것도 그렇다. 톰의 경우, 감정적 이미지를 전혀 의식하지 못한 채 편도체에서 감정적 이미지에 반응했다. 존도 이런 무의식적 감정에 접근해 활용할 수 있었다. 사람들은 직관을 알거나 의식하지 못한 채 그냥 느낀다. 우리 연구팀은 직관을 유도하기 위해, 바나나 같은 단순한 지각 정보가 아니라 감정 정보를 사용하기로 했다. 나는 이를 '감정 심기Emotional Inception'라고 일컫는다. 감정 심기를 수행하려면, 사과가 아닌 치명적 독거미 같은 감정을 일으키는 이미지를 사용하면 된다. 대다수가 감정적으로 반응을 보일 법한 이미지를 사용하는 것이다. 우리 연구팀은 간단히 통제할 방법으로, 감정적 정보(거미)를 제시하고 다음으로 화려하게 깜빡이는 바나나로 거미에 대한 의식 차원의 지각을 제거해 감정을 심을 수 있었다.

우리는 뇌 영상 실험과 여러 유형의 생리학적 측정 방법을 통해, 인간이 거미를 보지 못하더라도 인간 뇌의 일부에서 그 정보를 처리한다는 사실을 안다. 치명적 거미의 이미지는 편도체에 짧게 영향을 미친다. 편도체는 뇌의 깊숙한 곳에 위치한 작은 구조물로, 주름진 대뇌 피질 안쪽에 자리 잡고 있다. 편도체는 주로 공포를 처리하고 반응을 내보내는 기능을 하는 것으로 알려졌지만, 다른 감정도 처리한다. 거미의 이미지가 무의식에 들어간 직후, 편도체가 순간적으로 더 활성화되는데, 이 활동은 곧 사라지고, 다시 정상 상태로 돌아간다.

그러면 감정 심기의 성공 여부를 어떻게 알 수 있을까? 먼저 생리학적으로 사람들의 피부 전도도를 측정하는 방법이 있다. 편도체가 두려운 이미지를 처리하거나 정서적으로 흥분한 상태일 때 인간의 몸에서는 미세하게 땀이 더 난다. 여기서 말하는 땀이란 심한 운동을 할 때 바닥에 떨어지는 정도로 많은 땀이 아니라, 거의 감지할 수 없을 정도인 미량의 땀을 의미한다. 이때 피부가 전기에 더 잘 반응하게 되는데, 피부 위로 매우 낮은, 감지조차 쉽지 않은 미세 전기를 흘려보내면 땀의 변화를 간단히 측정할 수 있다. 이를 통해 우리 연구팀은 감정 심기를 하면서 감정적 이미지를 의식적으로 지각하지 않고도 감정적

　　　　　　　　　　　　더 좋은 결정을 위한 뇌과학

각성이 일어나는 현상에 대한 명확한 증거를 얻었다.

과학적으로 중요한 지점은 연구 참가자들이 이 이미지를 정말로 인식하지 못했는지 확인하는 것이었다. 그래서 실험 과정 참가자들이 심기 이미지가 무엇인지, 강아지인지 거미인지, 파란색 사각형인지 빨간색 사각형인지, 그밖에 다른 무엇인지를 추측하고자 시도하는 단계를 넣었다. 연구 결과, 어떤 이미지를 보았는지에 대한 참가자들의 보고는 단순한 추측 수준을 넘지 않았다. 이는 사람들이 그 이미지를 의식적으로 지각하지 못했다는 사실을 확인해 준다.

우리는 그렇게 직관을 측정하는 과정 중, 임시 정의를 세우고 무의식적 정보를 제공할 방법도 찾았다. 다음으로 필요한 것은 의사결정의 구성 요소, 곧 완전한 의식 상태에서 의사결정을 실험하기 위한 방법이었다.

과학자들은 여러 방식으로 의사결정을 연구했는데, 그중 효과적인 방법은 단순한 결정을 사용하는 것이었다. 여기서 말하는 의사결정이란, 물체가 왼쪽으로 움직이는지 오른쪽으로 움직이는지를 파악하는 정도로, 지극히 단순하고 어찌 보면 조금 우스꽝스러운 것이다.

이런 단순한 의사결정은 그 단순성 덕분에 과학적으로 매우 유용하다. 다른 복잡한 변수들이 실험에 개입하지 않아서다. 예를 들어, 어떤 차를 구입할지 결정할 때는 비용 같은 뚜렷한 요인 외에도 많은 변수가 개입된다. 사람마다 어떤 차를 좋아하거나 싫어할 수 있는데, 이런 취향은 과거에 특정 차종과 관련된 사고 경험이 있거나, 어린 시절에 타던 차가 감정에 영향을 미칠 수 있기 때문이다. 이런 요인들은 의사결정 과정에 추가로 감정을 불러일으켜 실험에 불필요한 '잡음'을 더하기에, 사람들이 어떻게 결정을 내리는지 이해하기 더 어렵게 만든다.

신경과학자들은 이 문제를 해결하기 위해 컴퓨터 모니터에 작은 점들을 사용한다. 각 점이 독립적으로 움직이는데, 참가자가 뭉쳐 있는 점들이 대체로 어느 방향으로 움직일지 판단하는 것이다. 이는 마치 오래된 고장 난 TV 화면에서 흰 눈이 내리듯 작은 픽셀들이 이리저리 움직이는 모양과 비슷하다. 우리는 컴퓨터에서 이 픽셀들을 조작해 대다수 점이 무작위로 움직이게 만들고 소수의 점만 왼쪽이나 오른쪽으로 눈에 띄게 움직이게 설정했다.

대다수 점이 무작위로 움직이면 왼쪽이나 오른쪽으로 움직이는 점들을 가리기에 이들 점을 알아차리기까지는 시간이 조금 걸린다. 우리는 이처럼 보수적이고 지극히 단순한 방법을 사용해 인간의 의사결정과 직관에 관해 연구하기로 했다.

우리 연구팀은 이제 실험실에서 직관을 생성하고 측정할 기본적인 방법을 갖추었다. 우선 정의를 세웠다. 감정 심기 방법을 찾아냈다. 의사결정을 측정할 수 있는 단순하고 명확한 의식 차원의 의사결정 과제도 마련했다. 하지만 실험실에서 직관을 측정하는 데 필요한 마지막 요소가 하나 더 있었다.

앞서 보았듯, 직관은 더 나은 결정과 행동을 위해 무의식적 정보를 학습하고 생산적으로 활용하는 것이다. 따라서 참가자들의 뇌가 무의식 차원에서 학습할 무언가가 필요했다(이때 중요한 사실은 본능과 반사는 인간이 날 때부터 가진 생물학적 반응이라는 점이다. 본능과 직관의 차이에 관해서는 SMILE의 세 번째 규칙에서 깊이 다루겠다).

우리는 이번 실험 설계에서 뇌가 무의식적 이미지의 감정과 의식적 의사결정의 결과 사이의 연관성을 학습하기를 원했다. 가령 존의 뇌가 에베레스트산 정상에서 수많은 변수와 과거 등반 중 성공이나 위험을 연결해 학습한 것과 같은 원리다. 그래서 우리는 무의식적 이미지의 감정이 긍정적이거나(강아지나 꽃과 같은 이미지) 부정적이도록(치명적 거미나 뱀, 상어의 이빨 같은 이미지), 설정했다.

참가자의 뇌가 학습해야 하는 요소는 이랬다. 일단 이미지의 유형은 항상 '지극히 단순한, 움직이는 점 결정'에 대한 답변(왼쪽이냐 오른쪽이냐)과 연결된다. 우리는 의사결정 과제의 정답에 따라 긍정적이거나 부정적인 이미지를 제시했다. 이 실험에서 단순한 의사결정 과제의 정답이 왼쪽이라면, 점들이 왼쪽으로 움직일 때 참가자의 무의식에 부정적 이미지를 제시했다. 이런 식으로 감정 심기를 통해 무의식적으로 참가자의 뇌가 움직이는 점 과제의 정답을 알아채게 한 것이다. 물론 이런 연관성은 선천적인 것이 아니라, 학습해야 하는 것이었다.

이 실험의 참가자는 100명이었다. 실험 결과 우리는 긍정적이거나 부정적인 무의식적 감정 이미지(감정 심기)가 의사결정의 결과와 연결될 때, 사람들이 더 정확한 결정을 내리도록 학습한다는 사실을 발견했다. 다시 말해, 이런 무의식적 이미지가 **존재한 덕분에 의사결정이 향상**된 것이다. 다만 이런 학습이 즉각적으로 일어난 것은 아니었다. 사람들이 학습하기까지는 시간이 걸렸다. 이들 이미지는 사람들이 단순히 왼쪽-오른쪽 의사결정 과제에 답하는 데 도움을 주었다. 앞선 사례에서 얼굴 이미지의 감정이 톰이 앞에 있는 이미지가 무엇인지 판단하는 데 도움을 준 것과 같은 이치다.

결과적으로 참가자들의 의사결정은 더 정확할 뿐 아니라(정답률이 더 높아짐), 결정 속도도 한결 빨라졌다. 우리는 참가자들에게 각 결정을 내린 후 자신감 수준을 보고하게 했는데, 감정적 이미지와 올바른 결정 사이의 아무런 관련이 없을 때보다 감

더 좋은 결정을 위한 뇌과학

정적 이미지와 정답이 연관될 때 더 높은 자신감을 보였다. 다시 말해, 무의식적 정보에 접근해 의사결정에 활용하는 법을 학습할 때 중요한 것은, 단순히 감정적 이미지의 존재 유무가 아니라, 학습된 연관성이었다.

나는 이처럼 직관을 측정하는 방법을 개발한 후, 10년에 걸쳐 직관에 관한 강력한 이론을 정립하는 연구에 집중했다. 직관이 무엇이고 무엇이 아닌지, 언제 직관을 신뢰할 수 있고 언제 신뢰할 수 없는지에 관해 연구했다. 이 책의 다섯 가지 규칙은 자연히 우리 연구실의 연구뿐 아니라 지난 세기 다른 수많은 연구자의 연구에서 나왔다. 정확히 말하자면, 감정과 불안, 우울에 관한 연구, 학습, 중독, 충동의 과학, 흥미롭고도 당혹스러운 확률의 심리학, 학습과 의사결정에서 환경의 중요성에 관한 연구를 종합해 이러한 규칙이 도출되었다. 과학의 힘을 이용해 의사결정 과정을 근본적으로 변화시키려는 노력은 대담하고 흥미로운 도전이었다.

나는 직관이란 의사결정과 행동을 위해 무의식적 정보를 **학습하고 생산적으로 활용**하는 것이라는 정의가 가장 유용하고 실용적이라고 확신한다. 이 정의는 과학 연구에 선명한 길을 제시한다. 우리는 당장이라도 심리학과 신경과학에서 이미 알려진 지식으로 이 정의를 설명할 수 있다. 직관을 대기 중에 떠도는 정보를 끌어당기는 마법 같은 육감으로 정의하는 것은 전혀 도움이 되지 않는다. 이런 정의는 과학적 발견의 탄탄대로나 그 발견을 실생활에 활용할 길을 열지 못한다. 내가 이 책을 쓰는 목표 중 하나는, 직관의 과학을 어디서나 모든 의사결정에 적용할 수 있는 주요 학문으로 발전시킴으로써 우리의 의사결정 과정을 개선하고 궁극적으로 우리가 더 잘 살게 만드는 것이다.

__ 실험실에서 측정한 직관

당신은 작고 어두운 방으로 머뭇거리며 들어선다. 벽은 모두 검게 칠해져 있고, 천장 어딘가에서 희미한 불빛이 내려온다. 당신은 검은색의 작은 테이블 앞에 앉는다. 테이블 위로는 당신의 팔 길이 정도 거리에 컴퓨터 모니터가 있다. 테이블 끝에는 안과의 시력 검사용 기계와 비슷한 장비가 있고, 여기엔 맞춤형 턱받침도 있다. 안과와 다른 것이 있다면, 모든 것이 검은색이라는 점이다.

고딕 양식의 시력 검사 장비에는 각기 다른 각도로 꺾인 작은 거울 네 개가 달려 있는데, 이 거울들이 방 안의 희미한 빛을 반사해 당신에게 보내준다. 이 장치의 정식 명칭은 반사식 입체경mirror stereoscope이다. 당신은 가만히 의자에 앉는다.

당신이 자리에 앉으면, 나는 "거울을 통해 보세요"라고 말한다. 당신은 몸을 앞으로 기울여 장치를 들여다본다. 작은 거울 두 개가 당신의 눈과 완벽히 같은 선상에 놓여 있고, 거울 속에 흰색 사각형 두 개가 바로 보인다. 두 거울에는 컴퓨터 모니터의 두 부분이 표시된다.

내가 거울의 각도를 조금씩 조정한다. 거울을 통해 당신에게 보이는 사각형 두 개가 딱 맞아떨어지면 하나의 선명하고 정확한 흰색 사각형이 된다. 그러면 내가 말한다. "좋습니다. 이제 실험을 시작할 준비가 됐습니다."

당신이 숨을 깊이 들이마시고, 실험이 시작된다.

당신은 당장 눈앞에 펼쳐지는 화려하고 빠르게 깜빡이는 색상에 거의 압도당한다. 무작위로 섞인 다채로운 형상들이 빠르게 연속적으로 나타나 서로 겹치고 서로 대체한다. 이는 감정 심기를 가능하게 해주는 연속 섬광 억제 현상이다. 양쪽 눈의 경쟁적 전환을 동결시키므로 연속적이 된다.

당신은 알아채지 못하지만, 연속 섬광 억제의 밝은 색채 뒤에는 감정적 이미지가 숨겨져 있다. 이번 실험에서는 독거미 사진이지만, 다음 실험에서는 강아지의 사진이 될 수도 있다. 다만 중요한 사실은, 당신이 그 이미지를 의식 차원에서 보지 못한다는 점이다. 이미지가 의식 밖에서 억제되므로, 당신은 아무 것도 알 수 없다.

당신은 검은 벽으로 둘러싸인 어두운 방에 들어가 있기에 밝은 색상이 더 눈부시게 느껴지겠지만, 그 깜빡임이 불편하지는 않다. 깜빡임은 1초도 채 되지 않아 금방 멈춘다. 화면이 검게 변하고, 당신은 다시 한번 어둠 속에 갇힌다.

동시에 깜빡이는 색채의 바로 오른쪽에는 눈보라처럼 움직이는 작은 점들이 있다. 빛나는 수많은 개미가 집 밖으로 나와 사방으로(위, 아래, 왼쪽, 오른쪽) 기어 다니는 것처럼, 점들이 사방으로 돌아다니고, 당신은 수많은 점이 대체로 어느 방향으로 움직이는지 판단해야 한다. 점들이 무작위로 움직이므로 판단하기 어려울 수 있지만, 어떻게든 왼쪽으로 움직이는 점들이 약간 더 많은 것 같다고 결정한다. 그래서 키보드에서 왼쪽 화살표가 표시된 버튼을 눌러 답을 제출한다.

아직은 괜찮다. 조금 이상할 수는 있어도, 절차가 명확하다.

당신은 또 다른 실험을 계속 이어가고, 또 한 번 결정한다. 그리고 계속 다른 실험을 하고 결정한다. 그렇게 어렵지 않다는 생각이 들고, 한숨을 내쉬며 긴장을 푼다. 실험을 잘해낼 수 있겠다는 자신감이 붙은 것이다. 당신은 의자에서 몸을 조금 움직여 자세를 편안하게 고쳐 앉고 실험을 마무리한다.

더 좋은 결정을 위한 뇌과학

이것이 내 실험실에서 직관을 측정하는 방법이다. 지나치게 단순해 보일 수 있지만, 무의식적 감정 정보를 의사결정에 사용할 수 있다는 사실을 증명한 사례다. 이 실험은 인간이 뇌의 무의식적인 정보에 접근해 의식적 정보와 연결하고, 나아가 더 나은 결정을 내릴 수 있다는 사실을 보여주었다. 한마디로, 직관은 실재한다. 이를 과학적으로 측정할 수도 있다.

2부

직관의 다섯 가지 규칙,
SMILE

1장
자기 인식

SMILE
SELF-AWARENESS

감정이 격해졌을 땐 직관을 믿지 마라

●

우리의 신체 체계가 강한 감정(긍정적이든 부정적이든)이나 불안으로
가득 차 있을 때는 직관에 관해 자칫 각성의 잘못된 귀인에 빠질 수
있다. 이러한 이유로 첫 데이트에서 암벽등반을 하지 말아야 하는
것처럼, 아드레날린이 넘치거나 우울하거나 불안할 때는 직관에 의
지해서는 안 된다.

__ 이게 정말 사랑일까?

나는 데이트 상대와 함께 보험의 세부조항을 비롯한 모든 서류를 작성하고 서명한 후, 암벽등반용 하네스(등반할 때 착용하는 장비로, 허리 벨트와 다리 고리로 되어 있으며, 여기에 로프를 부착해 사용한다-편집자)를 챙겼다. 우리는 아직 조금 어색한 사이였다. 취업 면접에서처럼 서로의 말과 행동, 반응을 세심하게 살폈다. 암벽등반화를 신고, 땀에 젖은 손을 하얀 암벽등반용 분필 가루에 집어넣은 뒤, 실내 암벽에 오를 준비를 마쳤다.

첫 데이트치고는 꽤 무서운 경험이었다. 곧장 깊은 물속으로 뛰어드는 격이었다. 서로의 모든 것이 적나라하게 드러났다. 체력과 용기는 물론, 하네스로 꽉 죄인 몸의 온갖 부위까지. 우리는 하네스에 자일을 채웠고, 나는 등반자로서, 데이트 상대는 빌레이어(등반 시 로프를 조작하여 등반하는 사람을 돕고 추락에 대비하는 사람-편집자)로서 내 생명을 손에 쥐는 역할을 맡았다. 적어도 그렇게 느껴졌다. 여느 첫 데이트처럼 소소한 대화로 서로를 찔러보고 탐색하는 과정을 훌쩍 뛰어넘어 여기까지 와버렸으니, 우리 사이에 얼마나 급격히 신뢰가 쌓였겠는가.

우리는 전문 암벽등반가는 아니었지만 둘 다 초보도 아니었다. 나는 젊었을 때는 등반을 많이 했지만, 최근 몇 년간은 한 번도 하지 않았다. 높이 올라갈수록 뱃속에서 작은 나비들이 날개를 퍼덕이는 것 같은 공포가 엄습했다.

그러다 그 순간이 왔다. 모든 것이 느려지고 시간이 멈춘 듯한 순간. 손끝에 분필 가루가 묻은 가짜 바위의 질감이 느껴지고, 처음에는 몇 밀리미터, 그다음에는 몇 센티미터 미끄러졌다. 그러다 손가락이 미끄러지며 홀드를 놓치는 순간, 모든 것이 끝났다는 생각이 들었다.

아드레날린과 수치스러움, 실패감이 머릿속을 스치는 순간, 내 손가락이 홀드를 놓치고 추락하기 시작했다. 기차 사고를 느린 화면으로 보는 느낌이었다. 나는 벽에서 떨어져 허공에 떴고, 탄성 있는 등반용 로프가 제 역할을 하여 내 체중을 받아내면서 하네스가 허벅지를 조였다. 내 몸은 흔들리다 '쿵' 하고 벽

더 좋은 결정을 위한 뇌과학

에 부딪혔다.

데이트 상대가 나를 천천히 땅에 내려준 후에야 나는 숨을 고르고 균형을 잡았다. 손가락이 따끔거리고 팔은 타들어가는 듯했지만, 그래도 아드레날린이 분출한 탓인지 기분도 좋고 생생히 살아 있다는 느낌이 들었다. 우리는 무척 즐거운 시간을 보냈다. 나는 그녀의 눈에서 우리가 같은 감정인 것을 알고 미소를 지었다.

이어서 우리는 서로 역할을 바꿨다. 이번엔 내가 빌레이어가 되어 확보장치를 통해 로프를 느슨하게 잡으며 멋지게 보이고자 애썼다. 나는 준비를 마쳤다. 그녀가 떨어져도 언제든 추락을 최소화하기 위한 준비였다. 그러는 순간, '휙' 소리와 함께 그녀도 벽에서 떨어졌다. 이번에도 로프가 제 역할을 톡톡히 해내며 그녀의 추락을 받아냈다. 나는 그녀의 발이 암벽에 부딪치는 소리를 들은 후 그녀를 천천히 바닥으로 내려주었다. 그녀는 가쁜 숨을 몰아쉬며 다 알겠다는 듯 내 눈을 바라보고는 미소를 지었다.

사실 우리는 결국엔 서로 잘 맞지 않는다는 걸 알게 되었다. 첫 데이트에서 전기가 찌릿하고 흐르는 느낌, 공기가 반짝거리며 춤추는 듯했던 감각은 나중에 이어진 데이트에서는 다시 일어나지 않았다. 첫날 처음으로 연결된 듯한 불꽃을 다시 일으키지 못했고, 결국 우리의 관계는 우정 이상을 넘어설 수 없다는 걸 받아들였다. 나중에 그녀는 자신이 남자보다 여자에게 끌린다고 고백했다. 첫 데이트에서 서로가 느낀 강렬한 화학 반응 때문에 우리의 관계가 잘될 거라고 믿었다고 털어놓으면서.

첫 데이트에서 느낀 단 한 번의 강렬한 느낌이 오래도록 내 머릿속에 남았다. 왜 그때는 모든 것이 그렇게 완벽하게 느껴졌는데, 이후로는 그렇지 않았을까? 나는 종종 우리가 그날의 화학 반응을 어떻게 그렇게 착각한 것인지 궁금했다. 나는 결국 여러 단서를 조합해, 그 착각이 각성의 잘못된 귀인misattribution of arousal 혹은 흔들다리 효과에서 비롯되었다는 걸 깨달았다.

인간은 어떤 감정을 느끼고 그 감정이 어디에서 왔는지 파악하는 데 매우 서툴다. 나와 데이트 상대는 암벽등반이 주는 아드레날린, 빠르게 박동하는 심장, 땀에 젖은 손바닥, 순전한 흥분을 서로를 향한 끌림으로 착각한 것이다. 우리의 뇌는 이런 감정이 암벽등반에서 온 것인지, 아니면 우리 사이의 화학 반응에서 온 것인지 구분하지 못했다. 이는 사실 〈배첼러The Bachelor〉와 〈배첼러렛The Bachelorette〉 같은 리얼리티 프로그램의 제작자들이 이미 잘 알고 있어 참가자들의 심리를 조작하는 데 쓰는 전략이기도 하다.

브리티시컬럼비아대학교의 연구자들은 이와 관련된 유명한

실험인 '흔들다리 실험'에서 남성 참가자들에게 공중에 높이 떠 있는 불안정한 현수교를 건너게 했다. 참가자들이 다리를 건너는 동안 여자 배우나 실험 보조자가 접근해 사진을 보여주며 짧고 극적인 이야기를 적어달라고 요청했다. 그리고 이야기를 수집하면서 연락처(가짜 번호)를 주고 실험에 대해 문의할 것이 있으면 연락하라고 했다.

이 실험은 근처의 더 낮고 안정적인 다리에서도 반복됐다. 결과가 어땠을까? 더 높고 불안정한 다리에서 실험에 참여한 남자들이 여자 실험 보조자에게 연락하는 비율이 더 높았고, 그들이 쓴 이야기에는 성적 언어가 더 많이 포함되었다.

이런 결과를 보며 연구자들은 남성 참가자들이 감정이나 각성 상태를 느끼는 이유를 혼동한 것으로 해석했다. 높고 불안정한 다리 위의 남자들은 그런 상황 때문에 불안하거나 긴장하고 아드레날린이 조금 분출된 느낌을 받았지만 왜 자신에게 그런 감정이 드는지 인지하지 못했을 것이다. 나와 내 데이트 상대가 그랬듯 그들도 이런 감정이 다리에서 만난 여자에 대한 반응이라고 착각한 것이다.

다시 말해, 인간은 각성 상태에 있을 때 긍정적 각성이든 부정적 각성이든 그 감정이 무슨 이유에서 비롯됐는지 제대로 알지 못한다. 또 다른 연구에서는 남성 참가자들에게 짧은 영상을 하나 보여주었는데, 제자리 달리기 같은 단순한 신체 운동(높은 흔들다리나 암벽등반만큼 무서울 일이 없는 활동)을 한 참가자들이 아무 운동도 하지 않은 참가자들에 비해 영상 속 여자를 더 매력적으로 평가하는 경향이 있다는 결과가 나왔다.

이처럼 덜 극단적인 상황의 실험에서도, 사람들은 운동으로 인해 심장 박동이 빨라지고 땀이 나며 체온이 상승하는 현상의 원인을 착각했다. 여기서는 단순히 신체 운동이 원인이었지만, 참가자들은 이 효과를 상대의 매력으로 잘못 해석하는 경향이 있었다.

우리의 신체 체계가 강한 감정(긍정적이든 부정적이든)이나 불안으로 가득 차 있을 때는 직관에 관해 자칫 각성의 잘못된 귀인에 빠질 수 있다. 이러한 이유로 첫 데이트에서 암벽등반을 하지 말아야 하는 것처럼, 아드레날린이 넘치거나 우울하거나 불안할 때는 직관에 의지해서는 안 된다. 이런 감정 상태에서는 감정을 직관으로 잘못 해석할 수 있기 때문이다.

따라서 높은 다리를 건너는 데 불안을 느낀다면, 그 감정이 꼭 직관은 아닐 수 있다. 방금 운동을 마쳤거나 커피를 너무 많이 마셔서 심장이 빠르게 뛰는 경우도 마찬가지다. 직관이 감정을 일으키는 것이 아니라, 단순한 신체 반응일 뿐이다. 이처럼 강렬한 감정과 약물, 운동은 우리 몸을 직관과 혼동하기 쉬운 상태로 만들 수 있다. 이런 상태를 직관으로 잘못 해석하지 않도록 주의해야 한다.

따라서 SMILE의 첫 번째 규칙이 중요하다. S는 감정에 대한 '자기 인식self-awareness'을 뜻한다. 자기 인식으로 감정을 살핀 후 직관을 사용하라. 감정적으로 흥분하거나 불안하거나 우울하거나 아드레날린이 분출될 때는 직관을 사용해서는 안 된다. 강렬한 감정에 휩싸인 상태에서는 직관의 미묘한 신호를 예리하게 감지하지 못하게 될 뿐만 아니라, 잘못된 귀인으로 잘못된 선택을 내릴 수 있기 때문이다. 이는 잘못된 직관이다.

__ 소음에 잠식된 직관

당신이 파티장에 있다고 상상해 보자. 꼭 거창한 광란의 파티일 필요는 없다. 음악이 흐르고 스무 명 이상이 모여 있는 정도면 된다. 당신은 음료를 들고 벽에 기대어 서서 음악과 분위기를 즐긴다. 들썩이는 공간의 반대편에 오랜만에 보는 친구가 있다. 당신이 오른손을 흔들어 알은체 하지만, 그는 당신을 보지 못한다. 다른 누군가가 그 사람의 주의를 끌고 있다. 친구의 이름을 크게 불러도 음악과 사람들의 웃음소리와 말소리가 커서 전해지지 않는 듯하다.

당신은 사람들과 가구를 피하며 공간을 가로질러서 그 친구 곁으로 다가간다. 친구에게 "안녕!"이라며 인사를 건네지만, 여전히 소음에 당신의 목소리가 묻힌다. 당신은 더 큰 소리로 "야, 오랜만이야!"라고 외친다. 마침내 당신을 돌아본 친구가 놀라는 한편 반가워하는 표정을 짓는다. 당신이 말한다. "어떻게 지냈어?" 하지만 상대는 어깨를 으쓱하면서 잘 들리지 않는 듯 귀에 손을 댄다. 당신은 아무도 없는 듯 보이는 주방을 손가락으로 가리킨다.

당신은 친구와 함께 주방으로 들어가, 다시 묻는다. "어떻게 지냈어?" 드디어 소음이 줄어들어 서로의 목소리가 들리니 일상적인 대화를 나누는 게 가능해진다.

직관도 마찬가지다. 당신의 감정이 널뛰기 시작하면 이로 인한 강렬한 느낌 때문에 무의식에서 오는 미묘한 목소리가 잠식당하고 만다. 감정의 잘못된 귀인을 경계해야 하지만, 요란한 소음이 목소리를 덮어버리듯, 강렬한 감정이 직관을 잠식한다는 사실도 알아야 한다.

다시 존 뮤어가 에베레스트산 정상에서 겪은 일로 돌아가 보자. 그와 등반대가 에베레스트산을 오를 때, 존의 감각은 산의 모든 특징을 신속히 처리했다. 바람과 눈의 부드러움, 햇빛, 등반대의 에너지, 대원들의 몸짓 언어, 그 밖의 수백 가지 정보를 빠르게 파악한 것이다.

다음으로 존의 뇌에서는 이런 다채로운 요소와 함께 이전에 비슷한 상황에서 경험한 긍정적이거나 부정적인 결과 사이의 연관성을 기반으로 어떤 느낌이 형성됐다. 무엇보다 존은 이처럼 미세할 수 있는 연관성을 감지할 만큼 섬세했다. 그런데 만약 존이 감정적으로 격해진 상태였다면, 그의 몸에서 에베레스트산의 위험을 경고하는 신호를 놓쳤을 수도 있다.

직관은 감정적으로 명료하고 안정된 상태일 때만 사용하는 것이 좋다. 긍정적 감정이 강할 때는 직관의 신호에 민감하게 반응하지 못할 수 있다. 다만 긍정적 감정이 중간 수준이거나 약할 때는 그냥 적당히 기분 좋은 상태가 되어 직관력이 좋아질 수 있다.

기분이 직관에 미치는 영향에 관한 연구에서는, '의미론적 일관성 과제semantic coherence task'라는 척도를 사용한다. 참가자들이 단어 세 개를 보고, 세 단어 사이에 어떤 공통점이 있는지 빠르게 판단하는 과제다. 예를 들어 '소금', '깊이', '거품'이라는 단어는 모두 바다와 연관이 있다. 실험에서는 항상 개념적으로 연관된 단어만 제시하고, 전혀 무관한 단어는 제시하지 않는다. 이 연구에 따르면, 사람들은 단어들을 연결해 주는 개념을 몰라도 단어들이 연결되어 있다고 답할 때가 많다. 이처럼 어떻게 연결되는지 모른 채 단어들이 의미론적으로 연결된 사실을 아는 것을 직관적 판단이라고 한다.

연구자들은 또한 사람들을 기분 좋은 상태로 유도하면 의미론적 일관성 과제에서 높은 성적을 올리고, 기분 나쁜 상태로 유도하면 성적이 떨어진다는 결과도 얻었다. 이와 같은 연구에서 참가자들은 먼저 최근에 경험한 긍정적이거나 부정적인 사건을 떠올리고, 그와 관련된 감정적 요소를 적으라는 요청을 받는다. 그러면 그 감정이 생생히 떠오르는데, 이 상태에서 그다음으로 의미론적 일관성 과제를 수행하게 하는 것이다.

다만 이런 기분의 영향이 단어와 그 의미를 다루는 과제를 넘어 그 이상으로까지 확장되는지는 미지수다. 이를테면 이런 기분 유도 절차가 감정 심기를 통한 직관 측정에 어떤 영향을 미칠지 알 수 없다. 혹은 맹인인 톰이 기분이 좋지 않은 상태에서도 복도를 그렇게 손쉽게 지나갈 수 있을지도 아직 모른다.

그렇다고 해도 우리의 첫 번째 규칙이 바뀌지는 않는다. '직관을 사용하기 전에 자신의 감정 상태를 점검하라.' 긍정적으로든 부정적으로든 감정 상태가 지나치게 강렬하다면, 합리적이고 의식적인 논리로 돌아가는 것이 좋다.

더 좋은 결정을 위한 뇌과학

__ 불안과 우울

사람마다 불안을 느끼는 경험은 다르지만, 그로 인한 반응에는 몇 가지 공통점이 있다. 꽉 쥔 주먹, 두근거리는 심장 박동 소리, 현재 벌어지는 상황의 불가능성에 대한 몰두, 상황이 불가능하다는 생각, '이럴 리가 없어, 계속 이럴 수는 없다'라는 생각에 대한 집착. 공포와 두려움, 세상이 지금 당장 끝날 것 같은 느낌이 계속해서 반복적으로 이어진다. 이러한 불안감이 몹시 강렬하다 보니 믿지 않을 수 없다. 어떻게 이런 강렬한 감정이 사실이 아니겠는가?

시간이 지나면서 마침내 가슴이 터질 듯한 느낌과 심장의 두근거림이 가라앉고, 피로가 몰려와 졸리기 시작한다. 최악의 순간이 지나가고 터널 끝에 희미한 빛이 보인다. 모든 것이 좀 더 견딜 만하고 세상도 끝나지 않을 것 같아져, 다시 천천히 길게 숨을 쉴 수 있게 된다.

불안은 일반적인 상태와 지속적인 느낌으로 계속될 수도 있고, 공황 발작처럼 폭발적으로 나타날 수도 있다. 나 역시 인생에서 몇 차례 불안 증상을 겪었는데, 내가 경험한 가장 끔찍한 일 중 하나였다.

강렬하고 파괴적인 불안 상태에서 인지에 급격한 변화가 생기는 것은 그리 놀라운 일이 아니다. 단기적으로는 기억에 큰 타격을 입게 되고, 잠재적으로 환경의 위협적인 요소가 우리의 주의를 사로잡아 다른 것에 집중하기 어렵게 된다. 초기 연구에 따르면, 불안에 의해 직관이 손상되기도 한다.

연구자들은 불안이 직관에 미치는 영향을 연구하며 다시 한 번, '의미론적 일관성 과제'를 사용했다. 연구자들은 우선 참가자들에게 불안을 유발하는 텍스트를 읽혔다. 통제 불가능한 부정적 상황을 묘사하는 텍스트였다. 곧이어 참가자들에게 컴퓨터 화면에서 뱀과 거미, 상어 같은 무서운 이미지를 보여 주었다. 참가자들이 이런 텍스트와 이미지에 반복 노출되면 불안감이 커진다. 다음으로 참가자들에게 의미론적 일관성 과제 몇 가지를 수행하게 하고, 이어서 더 무서운 이미지를 보여준 후 추가로 의미론적 일관성 과제를 수행하게 했다.

참고로, 이런 유형의 연구는 연구윤리위원회의 철저한 검토를 거쳐야 하고, 일반적으로 심리적 또는 신경학적 문제를 가지고 있는 사람들은 이러한 연구에 참여하지 못한다. 실험에서 유도된 불안 상태는 일시적이다. 연구자들은 참가자들이 실험을 마치고 나갈 때 괜찮은지 확인하게 되어 있다.

유도된 불안 상태의 참가자들은 그렇지 않은 참가자들에 비해 의미론적 일관성 과제에서 수행 성과가 현저히 떨어졌다. 연

더 좋은 결정을 위한 뇌과학

구자들은 이 결과를 불안 상태에서는 직관 능력이 떨어진다고 해석했다.

불안이 이런 영향을 미치는 이유는 무엇일까? 연구자들은 다시 감정의 잘못된 귀인 개념을 끌어왔다. 흔히 사람들은 불안한 상태에서는 감정의 원인을 혼동한다. 이 실험의 참가자들은 실험에서 유도된 불안과 의미론적 일관성 과제에서 일어난 감정을 혼동했다. 그렇지 않았다면 유도된 불안을 실험 과제의 여러 단어를 관통하는 단일 개념으로 해석하지는 않았을 것이다. 거기에 더해 나는 불안 상태가 감정의 소음을 일으켜 직관의 신호를 교묘히 은폐한다고 생각한다. 이런 두 가지 이유에서 불안하면 직관의 미묘한 감정적 신호를 감지하기 어려운 것이다.

다만 이 연구가 일시적으로 유도된 불안 상태에서 진행되었다는 점을 기억해야 한다. 임상적 불안 환자가 의미론적 일관성 과제에서 어떤 성과를 낼지는 미지수다. 하지만 나는 임상적으로 불안한 사람들도 앞서 설명한 이유로 직관적 판단을 어려워하리라 예상한다.

의사결정에 큰 영향을 미치는 또 하나의 정신 건강 문제는 우울증이다. 주요 우울 장애를 앓는 사람들은 결정을 내리지 못할 때가 많다. 이들은 부정적인 생각에 빠져 자신의 상태나 상황, 기분의 원인과 결과에 과도하게 몰두한다. 이러한 터널시야가 반복되는 상태를 '반추rumination'라고 하는데, 반추는 우울증의 단순한 증상을 넘어 우울증을 이루는 역학의 일부다. 반추에 빠지면 우울 상태가 계속 이어지고, 상황을 바꾸기 위해 행동하기 어려워진다. 우울증은 문제 해결과 의사결정, 직관에 부정적 영향을 미치는 것으로 알려져 있다.

우울증이 직관을 어떻게 방해하는지 알아보기 위해, 연구자들은 다시 의미론적 일관성 과제로 실험했다. 이번 연구에서는 참가자들에게 일시적 우울감을 유도한 것이 아니라, 처음부터 임상적 우울증을 앓는 사람들을 모집했다. 연구실에서 참가자들을 인터뷰해 임상적 우울증을 확인한 후, 의미론적 일관성 과제를 내주었다. 실험 결과, 우울증을 앓는 사람들은 우울증이 없는 통제 집단보다 이 과제에서 수행 성과가 유의미하게 낮았다. 우울증 역시 불안처럼 직관을 방해한다는 사실을 알 수 있다. 불안과 우울 모두 직관을 방해한다는 증거가 나온 셈이다.

여기서 짚어둘 것은, 이상의 연구 모두에서 의미론적 일관성 과제를 사용했다는 사실이다. 이 과제는 이름 그대로 단어와 그 의미에 국한하는 검사다. 유사한 다른 연구에서는 단어 대신 일관된 이미지와 일관되지 않은 이미지를 사용해 같은 실험을 진행했는데 정반대의 결과를 얻었다. 우울증을 앓는 사람들이 우

더 좋은 결정을 위한 뇌과학

울증이 없는 통제 집단보다 약간 더 나은 수행 성과를 보인 것이다. 부정적 감정이 시각 처리 능력을 강화해, 희미한 물체를 더 또렷이 감지하게 한다는 기존 연구의 결과와 일치했다.

우리는 두 가지 일관성 검사에서 상반된 결과가 나온 것에 주목해야 한다. 이런 차이를 통해 의미론적 일관성 과제가 정말로 직관을 측정하는지, 아니면 주로 언어에 기반한 무언가를 측정하는지에 대한 의문을 제기할 수 있다. 알다시피 언어적 반추는 우울증과 동의어이고, 반추는 단어에 기반한다. 따라서 반추가 우울증 환자들의 의미론적 일관성 과제의 수행 성과를 방해했을 가능성이 있다. 다만 이러한 추정을 명확히 밝혀줄 연구는 아직 이루어지지 않았다.

__ 내 감정을 알아채는 법

온라인에 게시된 동영상의 한 장면이 있다. 이 영상은 케이프 커내버럴 우주 발사 기지에서 멀지 않은 플로리다주 코코아 시에서 촬영되었는데, 여기엔 자멜이라는 청년이 뒷마당 울타리를 넘어가는 장면이 담겨 있다. 울타리는 청년의 허리보다 높긴 하지만 기어 올라갈 수 있을 정도의 애매한 높이다. 자멜은 울타리 너머 풀밭으로 떨어져 비틀거리다가 잠시 후 길게 이어진 잔디밭 너머로 사라진다. 그러다 다시 일어난 자멜은 살짝 절뚝거리며 걷는다. 그는 언덕을 내려가 호수로 향한다. 무서우리만치 고요한 호수에는 주변을 둘러싼 풀과 나무가 그대로 비친다. 자멜은 셔츠를 벗고 물속으로 뛰어든다. 잔물결이 퍼지면서 호수에 비친 주위 그림자를 흩트리고, 자멜은 호수 한가운데로 헤엄친다.

잠시 후 자멜의 머리가 호수 한가운데 작은 점처럼 떠오르고, 젊은 남성이 소리치는 목소리가 들린다. "한심한 마약쟁이 새끼, 우리가 널 도와줄 거라 기대하지 마!"

휴대폰으로 찍은 영상이다. 흔들리고 어지러운 장면으로 보아 분명하다. 휴대폰을 든 사람들의 말소리가 더 들린다. "아무도 널 도와주지 않아, 이 멍청한 새끼야." 영상 하단으로 호수까지 이어진 풀밭으로 보아, 목소리만 들리는 청소년들이 물가에 얼마나 가까이 있는지 짐작된다. "쟤 봐, 머리를 계속 물속에 담그고 있어. … 와우." 자멜의 머리가 물속으로 사라졌다가 다시 올라온다. "죽는 사람 보는 게 뭐가 무서워?"라는 말이 들린다.

순간 자멜이 외치는 소리가 들린다. 비명을 지르거나 도움을 요청하는 소리 같다. 잔잔한 호수의 작은 점과 같은 그의 머리가 다시 물속으로 사라진다.

"어, 저 새끼 죽었네." 누군가가 소리치고 아이들은 웃으며 킥킥댄다. "네 친구, 물속에 한참 들어가 있더니 이제 안 올라오는걸?"

"뭐야, 어디 갔어?"

"우리 방금 사람이 죽는 걸 봤네, 우린 도와주지도 않고."

"그래, 가서 도와줘 봐, 이미 죽었어. 이제 진짜로 안 올라와."

짐작하겠지만, 이 영상은 보기 힘들다. 자멜의 어머니 글로리아 던은 여전히 악몽에 시달리며, 지금도 아들과 함께 물에 빠져 죽는 것처럼 숨이 막히는 공포 속에 깨어나곤 한다.

그 아이들은 왜 자멜을 도와주지 않은 걸까? 왜 전화로 도움을 청하거나 경찰에 신고하지 않았을까?

이러한 충격적인 이야기를 소개하는 이유는, 감정 지능과 감정 인식의 중요성을 강조하기 위해서다. 최근 몇 년 사이 감정 지능이 떨어지는 현상에 대해 많은 논의가 있었다. 대체 감정 지능이란 것이 정확히 무엇일까?

감정 지능이란, 자신의 감정을 인식하는 능력부터 타인의 감정을 인식하고 감정을 관리하거나 활용하는 능력까지를 아우르는 일련의 특성이나 자질을 가리키는 용어다. 높은 감정 지능은 업무 능력과 몸과 마음의 건강과 스트레스 관리, 학업 성취도, 사회적 관계를 비롯해 삶의 여러 측면에서 긍정적 영향을 미친다. 반면에 낮은 감정 지능은 자멜의 비극적인 사건에서 보듯, 고통에 대한 반응의 결핍이라는 현상으로 나타난다.

지난 10여 년 사이 감정 지능이 전반적으로 감소한 현상은 기술, 그중에서도 소셜미디어 사용의 증가와 관련이 있다는 연구 결과가 있다. 이 주제에 관한 연구들의 명확한 인과 관계를 밝혀내기는 어렵지만, 대다수 연구자는 청소년들의 소셜미디어 사용 증가가 감정 지능 하락에 영향을 주었을 것으로 보고 있다. 이런 결과는 소셜미디어 사이트에서 머무는 시간과 부정적 몸과 마음의 건강이나 정신병리 사이에 명확한 연관성을 밝힌 여러 연구 결과와도 일치한다.

자신의 감정을 알아채는 능력은 감정 지능의 중요한 요소일 뿐 아니라, 직관을 안전하고 생산적으로 사용하는 데도 중요하다. 감정 인식은 감정 지능의 구성 요소이고, 스스로 자신의 감정 상태를 알아채고 직관을 안전하게 사용할 수 있는지 파악하려면 우선 자기 인식이 필요하기 때문이다.

그렇다면 감정 인식은 무엇이고, 만약 감정 인식이 없다면 어떻게 얻을 수 있을까?

앞서 말했듯, 감정 인식은 감정 지능의 한 요소인데, 주로 설문지로 측정할 수 있다. 예를 들어, '성격 감정 지능 설문지Trait Emotional Intelligence Questionnaire(축약형)'에는 감정 인식 평가를 위해 다음의 질문이 포함된다.

1. 나의 감정을 말로 표현하는 것이 어렵지 않다.
2. 내가 느끼는 감정이 무엇인지 모를 때가 종종 있다.
3. 가까운 사람들에게 애정을 표현하기 어려울 때가 많다.
4. 나는 종종 멈추어 내 감정에 대해 생각한다.

응답자는 이런 질문에 1에서 7까지 중 하나로 답하면 된다. 1은 '전혀 동의하지 않음', 7은 '완전 동의함'을 의미한다. 앞의 질문은 이 설문지의 전체적인 분위기를 알려주고자 예시로 든 것이며, 실제로 나머지 질문들과 함께 맥락 속에서 응답하지 않으면 감정 인식을 온전히 측정하기 어렵다. 온라인에서 시도할 수 있는 감정 지능 검사는 다양하지만 일부 신뢰할 수 없는 검사도 있으니, 결과를 맹신하지 말고 가볍게 받아들이는 것이 좋다.

감정 인식은 여러 요인으로 형성되는 복잡한 특질이다. 어떤 사람은 본능적으로 자신의 감정을 잘 알아채는 데 비해, 누군가는 감정을 인식하고 다루는 데 어려움을 겪는다. 그렇다면 감정 인식을 결정하는 주요 요인은 무엇일까? 또 이는 연습하면 나아질 수 있는 것일까?

가장 중요한 요인 중 하나는 어린 시절의 경험이다. 감정 표현과 감정 조절 능력을 발전시켜주는 환경에서 자란 아이들의 경우, 감정 지능과 감정 인식이 발달될 가능성이 크다. 자신의 감정을 구체적으로 표현하고 어떻게 느끼는지 말할 수 있는 환경이라면, 아이는 자신의 감정을 더 잘 이해하고 다스리는 법을 배우게 된다.

감정 인식을 결정하는 또 하나의 요인으로, 유전자를 들 수 있다. 유전자도 감정 기질을 형성하는 데 영향을 미쳐 감정 지능과 감정 인식에 영향을 줄 수 있다. 강렬한 감정을 느끼는 편인 사람이 있는가 하면, 평온한 감정을 유지하는 편인 사람도 있다. 그렇다고 유전자와 유년기의 경험이 감정 지능의 전부는 아니다. 감정 지능은 훈련과 연습으로 개발할 수 있다.

감정 지능을 개발하기 위해 집중할 영역은 감정 인식을 개발하는 것이다. 즉 자신의 감정 상태를 인식하고 파악한다는 의미다. 감정과 연결된 신체 감각에 주목하고 어떤 감정을 일으키는 생각이나 신념을 탐색하며 그 감정과 연관된 행동을 파악하는 식으로, 감정을 더 깊이 이해하고 효과적으로 관리할 수 있다.

감정 인식을 개발하기 위한 또 하나의 방법은, 명상이나 요가와 같은 마음챙김mindfulness 연습이다. 마음챙김 연습은 자신의 감정 경험에 더 민감하게 반응하게 해주고, 생각과 감정을 더 잘 다스리게 돕는다. 차분하고 평온한 마음을 기르면 감정을

더 좋은 결정을 위한 뇌과학

더 효과적으로 다스리고 어려운 상황에 더 신중하고 건설적으로 대응할 수 있게 된다.

감정 인식을 개발하는 방법 외에도 감정 지능을 개선할 수 있는 방법들이 있다. 가령, 다른 사람에게 공감하면서 그 사람의 감정을 이해하는 법을 배울 수 있다. 다른 사람의 입장이 되어 그가 어떻게 느낄지 상상해 보는 것이다. 이런 식으로 공감 능력을 개발하고 타인의 감정을 지지하며 더 따뜻하게 반응하는 법을 배울 수 있다.

자신의 감정을 이해하고 인식하는 노력이야말로 직관을 개발하는 데 매우 중요한 과정이다. 첫 번째 단계는 자신의 감정을 얼마나 인식하는지 알아보는 것이다. 이것이 스마트워치로 심박수를 확인하는 일처럼 간단한 것은 아니지만, 생체 신호를 확인하는 방법이 감정 상태를 인식하는 데 도움이 될 수 있다.

'기분 미터Mood Meter'라는 앱(나는 이 앱과 아무 관련이 없다)은 예일대학교 감정지능연구소에서 개발한 것으로, 어느 한순간에 자신의 감정을 구체적으로 설명하고 이해하는 습관을 기르면 감정 지능을 높이는 데 도움이 된다는 이론이 기반이 되었다. '기분 미터' 앱을 언급하는 이유는, 이 앱이 자신의 감정 스펙트럼을 시각화하는 도구로서 유용함과 동시에 감정 인식을 개선하고 직관을 안전하게 사용할 수 있는 상황을 파악하는 데 도움이 되기 때문이다.

이 앱에 들어가 감정을 보고하는 과정은 네 가지 영역으로 시작되고, 다음처럼 단순하게 표현할 수 있다.

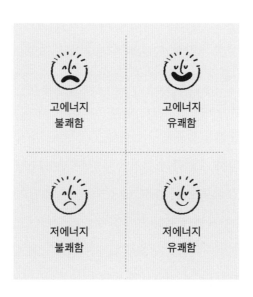

고에너지를 상단에, 저에너지를 하단에 두고, 유쾌함의 정도를 왼쪽에서 오른쪽으로 강해지도록 배치하는 방식은 감정 스펙트럼을 시각화하는 데 바람직하다. 이처럼 단순해 보이는 네 가지 영역은 감정을 빠르게 구별하는 데 유용하다. 실제 앱에서는 각 영역을 더 깊이 탐색할 수 있고, 감정 상태에 대한 인식을

더 좋은 결정을 위한 뇌과학

끌어올리기 위한 구체적인 형용사도 제시된다.

당신의 감정이 불쾌한 감정 구역의 어딘가에 해당한다면, 직관은 잠시 미루는 편이 나을 수 있다. 직관을 발휘하기에 지나치게 감정적인 상태인지 확인하기 위해 누구에게나 적용할 수 있는 엄격한 기준이나 객관적이고 보편적인 검사는 없다. 설령 그런 검사가 있다고 해도, 어떤 사람에게는 '지나치게 감정적인' 상태가 다른 사람에게는 '충분히 감정적이지 않은' 상태일 수 있다. 말하자면, 감정이 직관을 방해하는 수준이 사람마다 다르다는 뜻이다.

불쾌한 감정 구역에서 직관을 피하는 것이 좋을 뿐만 아니라, 그림의 오른쪽 상단(고에너지에 상당히 유쾌한 상태, 극도의 행복감)에서도 주의해야 한다. 예를 들어, 방금 복권에 당첨됐거나 사랑에 빠진 상태라면 이런 황홀경이 직관의 미묘한 신호를 감지하는 능력을 방해할 수 있다.

자신의 감정 상태를 점검하고 스트레스가 심하거나 불안하거나 우울한 느낌이 든다면, 직관을 자제해야 한다. 그러면 이럴 때는 어떻게 해야 할까?

스트레스와 불안을 완화하기 위해 집에서 언제든 혼자 시도할 수 있는 여러 가지 방법이 있다. 당장 자신의 상태를 변화시키고 싶다면, '박스 호흡법box breathing'을 권한다. 마음속으로 사

각형을 그리면서 천천히 다섯까지 세며 숨을 들이마시고 다섯
을 세며 숨을 참았다가 다시 다섯을 세면서 숨을 내쉬고, 이 과
정을 반복하는 방법이다. 그리고 요가 니드라*와 같은 비수면
휴식법도 몸과 마음을 이완하는 데 효과적이다.

보다 일반적으로 도움이 되는 방법도 있다. 가벼운 우울증에
는 운동이 항우울제만큼이나 효과적일 수 있다. 개인적으로는
사우나를 하면 기분이 한결 좋아진다. 물론 수면도 중요하고,
알코올과 당분 섭취를 줄이는 방법도 도움이 된다. 그리고 햇빛
을 받으면, 특히 오전에 충분히 햇빛을 받으면 생체 리듬이 좋
아지고, 사람들과 함께 사회 활동을 해도 역시나 몸과 마음의
건강을 개선하고 유지하는 데 도움이 된다.

이러한 추천 방법이 정신 건강에 심각한 문제가 있는 사람에
게는 의학적 조언을 대체할 정도의 효과는 없을 것이다. 그저
도움이 되는 정도의 제안에 불과하다. 다만 직관과 의사결정은
대체로 약간 긍정적인 기분일 때 가장 잘 작동하고, 극도로 행
복하거나 황홀한 상태에서는 오히려 효과를 보지 못할 수 있다
는 사실을 기억해야 한다.

• 깨어 있는 잠

　　　　　　　　　　　더 좋은 결정을 위한 뇌과학

2장
숙달도

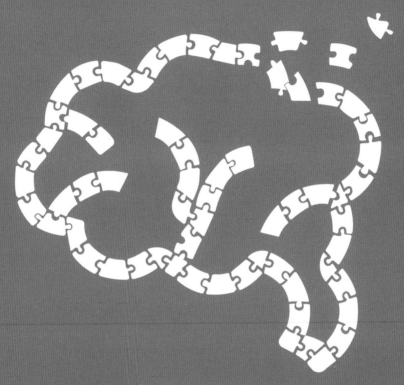

SMILE
MASTERY

도약보다 학습이 먼저다

●

뇌는 컴퓨터가 아니다. 새로운 무언가를 배우면 뇌가 물리적으로 변형된다. 뇌가 재설계되어 낡은 연결을 끊고 새로운 연결을 형성한다. 게다가 사람에 따라 몸과 근육과 골격이 제각각이듯 뇌와 마음도 각기 다르다. 마스터 테니스 선수가 되려면, 당신과 당신의 몸과 뼈, 근육에 따라 뇌도 맞춤식으로 재설계돼야 한다.

__ 할리우드 학습의 마법

공상 과학 영화 〈매트릭스*The Matrix*〉에서, 주인공 네오는 매트릭스 안에서 위험한 요원들과 맞서기 위해 실제 배우려면 몇 년씩 걸리는 자기방어 기술을 시급히 익혀야 한다.

내가 가장 좋아하는 장면은 네오가 주짓수를 배우는 부분이다. 오퍼레이터가 컴퓨터 화면에 '주짓수'라는 문구를 띄우자, 네오가 황당한 표정을 짓는다. 오퍼레이터가 네오에게 윙크를 하며 화면에서 버튼 몇 개를 누르고, 네오는 움찔하며 충격으로 얼굴을 찡그린다. 그러고는 강도 10의 지진이라도 일어난 양 그의 몸이 의자에 앉은 그대로 앞뒤로 흔들린다. 주짓수 기술이 그의 뇌로 업로드되는 것이다. 네오의 뇌는 뒤통수에 삽입된 일종의 컴퓨터 플러그와 연결된 뾰족한 스파이크를 통해 외부 컴퓨터와 연결돼 있다.

덕분에 실제로 훈련받지 않아도 컴퓨터 플러그를 통해 새로운 기술이 네오의 뇌에 직접 업로드되는 것이다. 얼마나 좋겠는가? 배우고 싶은 것이 있으면 버튼 하나로 끝난다. 순식간에 그랜드슬램 테니스 선수도 되고, 헬리콥터 조종사도 되고, 아인슈타인도 될 수 있다.

그런데 나쁜 소식도 있다. 사실 인간의 뇌가 이런 식으로 작동하지 않는다는 것이다. 뇌는 컴퓨터가 아니다. 새로운 무언가를 배우면 뇌가 물리적으로 변형된다. 뇌가 재설계되어 낡은 연결을 끊고 새로운 연결을 형성한다. 게다가 사람에 따라 몸과 근육과 골격이 제각각이듯 뇌와 마음도 각기 다르다. 마스터 테니스 선수가 되려면, 당신과 당신의 몸과 뼈, 근육에 따라 뇌도 맞춤식으로 재설계돼야 한다. 테니스 스타 세리나 윌리엄스Serena Williams의 뇌 구조를 복제한다 해도, 여전히 당신에게는 효과적이지 않을 것이다. 윌리엄스의 몸에 맞는 뇌 구조가 당신에게 효과적인 뇌 구조와는 다를 수 있기 때문이다.

새로운 지식이나 인지적 기술을 업로드하는 데도 같은 문제가 따른다. 당신의 뇌는 오직 당신만의 것이고, 당신의 뇌 구조도 지문처럼 유일무이하다.

더 좋은 결정을 위한 뇌과학

뇌가 학습으로 어떻게 변형되는지를 가장 잘 설명한 책은 신경과학자 데이비드 이글먼David Eagleman의 《우리는 각자의 세계가 된다 Livewired》이다. 이글먼은 뇌를 하드웨어나 소프트웨어가 아니라, '라이브웨어liveware'라고 부른다. 하드웨어와 소프트웨어가 혼재된 동적 시스템이라는 의미가 담긴 용어다. 라이브웨어는 양쪽의 속성이 섬세하고 연속적으로 상호작용하면서 서로를 우아한 방식으로 형성해 나가는 시스템이다. 따라서 하드웨어든 소프트웨어든 어느 한 요소만 바꿔서는 안 된다. 소프트웨어인 뇌의 활동과 마음도 함께 바꿔야 하는데, 소프트웨어적 측면을 모두 이해하려면 아직 갈 길이 멀다.

__ 1만 시간 법칙의 오류

고故 코비 브라이언트Kobe Bryant는 상하이타워에서 열린 TEDx 무대 한쪽의 검은 의자에 앉아 있었다. 농구 역사상 가장 위대한 선수 중 하나인 브라이언트는 청중에게 수줍은 듯 나직이 그 자리에 와줘서 감사하다는 인사를 건넸다. 그리고 질의응답 시간이 이어졌다. 몇 가지 질의응답이 끝난 후, 진행자는 "제게 인상 깊었던 순간 중 하나는 우리가 새벽 4시에 훈련하러 나갔을 때였어요"라고 말하며 '새벽 4시'를 강조했다.

그러자 브라이언트가 답했다. "제게는 그런 게 아주 당연합니다. 최고의 농구 선수가 되는 게 목표라면 당연히 훈련해야죠. 최대한 많이, 최대한 자주, 훈련하고 또 해야죠." 이어서 그는 매일 새벽 4시에 훈련을 시작한 덕에 얼마나 더 많이 훈련할 수 있었는지 설명하며 이렇게 덧붙였다. "시간이 흐르면 동료나 경쟁자와의 격차가 점점 더 벌어집니다. 5년이나 6년이 지나면, 그들이 여름에 아무리 훈련을 더 많이 해도 따라오지 못해요. 이미 5년이나 뒤처져 있으니까요."

이처럼 황당할 정도로 단순한 논리는 전 세계 수천 명의 아이들에게 영향을 주었을 것이다. 이는 또 일찍 일어나 남들보다 더 많이 연습하게끔 아이들을 자극했을 것이 분명하다. 하지만 학습의 성취는 이런 식으로 일어나지 않는다. 단순히 몇 시간을 투자하느냐가 중요한 게 아니다. 어떤 시간은 다른 시간보다 더 가치가 있기 때문이다.

학습은 걷기처럼 선형적으로 일어나지 않는다. 걸을 때는 한 걸음 내디딜 때마다 목적지에 1미터 더 가까워진다. 그러나 NBA 농구 스타가 되기로 했다면, 연습하는 시간이 는다고 그 목표에 더 가까워지는 것이 아니다. 물론 도움은 될 것이다. 하지만 각 시간의 가치는 다양한 요인에 달려 있다. 앞으로 살펴

더 좋은 결정을 위한 뇌과학

보겠지만, 어떤 일은 단 1시간 만에도 숙달할 수 있다.

맬컴 글래드웰Malcolm Gladwell은 2008년에 《아웃라이어Outliers》에서 누구나 1만 시간을 연습하면 무슨 일에서든 전문가가 될 수 있다는 개념을 내놓았다. 그는 독자들을 설득하기 위해 다양한 사람의 20대 초반 모습을 예시로 들었다. 그는 자기 분야에서 전문가가 된 사람들이 그때까지 약 1만 시간을 연습한 데 반해, 전문가가 되지 못한 사람들은 2,000시간만 연습했다고 말했다. 그러면서 글래드웰은 "연구자들이 진정한 전문성을 위한 마법의 숫자로 1만 시간을 정했다"라고 주장했다.

이 개념은 너무나 쉽게 받아들여지며 많은 사람의 마음속에 전문성을 위한 진리의 숫자로 인식됐다. 그러나 이 개념은 정확하지도 않을뿐더러, 새로운 무언가를 배우는 데 적절한 방식도 아니다.

1만 시간보다 더욱 중요한 것은 반복하거나 실수한 횟수, 동기를 부여하는 학습 성과이다. 또 학습 과정에서 수면 시간과 같은 맥락적 요소도 중요하다. 학습은 단지 몇 시간을 투자하느냐가 아니라, 그 시간의 질과 학습한 후 우리가 어떻게 하는지에 달려 있다. 그러한 후속 활동이 뇌가 그 학습을 영구히 기억하도록 도와주기 때문이다.

__ 보이지 않는 개 먹이

직관을 끌어내는 학습 유형을 '연합 학습associative learning' 혹은 '고전적 조건형성classical conditioning'이라고 한다. 이는 피아노나 스키를 배우는 식의 익숙한 학습 유형과는 조금 다르다.

1800년대 후반에 러시아의 과학자 이반 파블로프Ivan Pavlov 는 개를 대상으로 고전적 조건형성 실험을 진행했다. 그는 개의 타액과 위액, 췌장액의 분비에 주목했다. 이 실험으로 파블로프의 개는 유명해졌고, 파블로프 자신도 고전적 조건형성의 권위자가 되었다. 고전적 조건형성이란 뇌에서 어느 하나로 다른 무언가를 예측하는 것을 학습하는 과정을 뜻한다. 본래 개들은 음식을 먹기 직전에 많은 침을 분비한다(파블로프의 시대에는 개의 입에서 나오는 위액이 인간의 소화불량 치료제로 인기를 끌기도 했다). 파블로프의 연구팀은 개의 위액으로 실험을 진행했는데, 실험 그 자체로는 그다지 훌륭한 실험이 아니므로 여기서 자세히 소개하지 않겠다. 다만 파블로프는 이 실험에서 흥미로운 무언가를 포착했다.

실험을 시작했을 때 개들은 음식이 앞에 놓였을 때만 침을 흘렸다. 그런데 시간이 지나면서 개들이 음식이 나오기 전부터 침을 흘리기 시작한 것이다. 오늘날 유명해진 이 실험에서 연구

더 좋은 결정을 위한 뇌과학

진은 개들에게 음식을 줄 때 종을 울렸고, 며칠 후 개들은 종소리만 듣고도 침을 흘렸다. 파블로프는 이런 현상을 '심리적 분비psychic secretions'라고 불렀다. 개들이 마치 음식이 이미 눈앞에 놓인 것처럼 행동해서다.

실제로 음식은 없었다. 이제는 종소리가 음식과 같은 효과를 냈고, 파블로프는 이를 '조건반응conditional response'이라고 불렀다. 개들이 침을 흘린 것은 종소리로 음식을 예측하는 것을 학습했기 때문이다. 파블로프는 이 연구로 1904년 노벨상을 받았고, 그의 연구는 오늘날까지 모든 심리학 과정에서 논의될 정도로 유명해졌다.

이러한 조건반응을 파블로프 조건형성 혹은 고전적 조건형성이라고 한다. 이 개념은 여전히 학습과 심리 장애, 치료법을 이해하기 위한 기본 원리다. 예를 들어, 라디오에서 특정 노래가 나올 때마다 당신이 특별한 감정과 기억에 사로잡히는 것도, 당신이 캔 따개를 집으면 고양이가 당신에게 달려오는 것도 바로 이 원리로 설명이 가능하다. 핵심 개념은 매우 단순하다. 뇌의 뉴런이 함께 발화할 때(혹은 가까운 순서로 발화할 때), 뉴런이 서로 연결된다는 개념이다. 실제로 한 뉴런에서 다른 뉴런으로 뻗어가는 작은 가지가 뉴런을 서로 연결해 준다. 이 같은 연결은 우리가 세상에서 하나씩 보거나 듣는 것이 서로 연관된다는 의미다. 종이 울리면 개가 침을 흘리는 것도 개의 뇌에서 음식 뉴런이 종소리 뉴런과 연결돼서다.

이런 연합 학습은 종소리가 나면 개가 의식 차원에서 음식에 관해 생각하기로 결정하는 것과는 상당히 다르다. 연합 학습에서는 뇌의 여러 부위가 자연스럽게 연결되면서 침이 나오는 과정이 자동으로 일어난다. 이러한 연합 학습은 바다달팽이 같은 미세하고 단순한 동물에게도 나타난다. 무의식적으로 일어날 수 있다는 뜻이다.

사실 자동 연합 학습은 직관의 중추다. 우리가 날마다 접하는 경험을 통해 직관이 발달하는 방식이 곧 자동 연합 학습이다. 예를 들어, 당신이 카페에서 음식을 먹을 때마다 기분 좋은 경험을 한다면 뇌에서 카페와 관련된 뉴런과 행복한 경험과 관련된 뉴런이 조금씩 더 연결된다. 반면에 카페에서 음식을 먹을 때마다 나쁜 일을 겪거나 배탈이 난다면 부정적 경험과 관련된 다른 신경망이 연결된다.

결과적으로 당신은 카페에 갈 때마다 자동으로 어떤 감정을 느낀다. 아무것도 하지 않아도 긍정적이거나 부정적인 감정이 저절로 일어나는 것이다. 이 모든 과정이 파블로프의 개와 종소리처럼 자동으로 작동한다. 테이블보와 음악, 온도, 냄새를 비롯해 카페의 모든 세부 사항을 처리하는 뉴런이 뇌에서 감정 영

더 좋은 결정을 위한 뇌과학

역을 자극해 어떤 감정을 일으키는 것이다. 흔히들 말하는 육감이다. 그리고 직관의 내부수용감각이다. 존 뮤어가 에베레스트 산 서쪽 능선에서 바람이 많이 불던 아침에 스스로 목숨을 구한 그 느낌이다. 그의 뇌에서 바람과 온도, 빛을 처리하는 뉴런들이 감정과 관련된 뉴런들을 자극했고, 그는 이런 뇌 영역의 활동만큼이나 몸과 뱃속에서 감정을 느꼈다.

하지만 어떤 일에 대한 사전 경험이 없다면, 가령 처음으로 암벽등반을 하거나 테니스를 치거나 체스를 두거나 투자 결정을 내린다면, 뇌에 이런 유용한 연합이 존재하지 않으므로 직관에 의존할 수도 없다. 따라서 자신의 직관을 믿으려면 어떤 일에 대한 경험, 즉 SMILE의 M을 뜻하는 '숙달도mastery'가 필수다. 따라서 처음 하는 일에서는 직관에 의존할 수 없다.

__ 숙달도-직관 방정식

직관을 발휘하려면 얼마나 숙달되어야 할까? 안타깝게도, 이 질문에는 간단히 답할 수 없다. 기술을 습득할 때 연습 시간뿐 아니라 시간의 질이 중요한 것처럼, 숙달도 역시 경험의 성격에 따라 다르기 때문이다. 사실 긍정적인 것보다 부정적인 결과가 학습 속도를 크게 끌어올릴 수 있다. 상식적으로 결과가 부정적일수록 우리와 우리 뇌는 적은 경험으로도 무언가를 학습할 수 있다. 외상후스트레스장애post traumatic stress disorder, 곧 PTSD를 예로 들어보자. 자동차 사고와 같은 단일 사건에서 외상을 경험한 사람들은 그 사건에서 매우 강렬하게 학습한다. 실제로 학습이 너무 강렬해서 문제가 될 정도다.

이만큼 극단적이지 않은 정도의 부정적 경험이라도 같은 방식으로 작동할 수 있다. 나는 크리켓 경기에서 이런 경험을 해본 적이 있다. 그날의 경기는 내가 처음 가본 크리켓 경기이자 마지막 경기가 됐다. 또한 그날은 내가 처음으로 럼주를 마신 날이기도 했다. 나는 원래 술을 많이 마시지 않는 편인데, 그날 저녁 경기장에서 친구들이 내게 럼주를 꽤 많이 사줬다. 그러다 어느 순간 나는 럼주에 압도당해 화장실로 사라졌다가, 몇 시간 후 혼미한 정신과 엉망진창인 모습으로 화장실에서 나왔다. 텅 빈 경기장은 조용했고, 관중도 모두 떠난 후였다. 밤늦은 시간이었지만 경기장은 여전히 불이 환하게 들어와 있었는데, 친구들은 모두 어디 갔는지 보이지 않았다.

그날 이후로 나는 다시는 럼주를 마시지 않았다. 그날 단 한 번의 경험으로, 25년 넘게 크리켓도 멀리하고 럼주도 마시지 않은 것이다. 지금도 럼주 냄새만 맡아도 당장 그날 저녁의 메

더 좋은 결정을 위한 뇌과학

스꺼움이 되살아난다. 나는 한 번의 경험으로 럼주를 마시지 않는 일의 전문가가 된 것이다.

이는 어떤 상황에서 몸이 좋지 않으면 그 기억이 평생 가는, 뇌의 강력한 능력을 보여주는 사례다. 그리고 연합 학습의 예이기도 하다. 나는 럼주를 마시면 괴로울 수 있다는 걸 기억하려고 애쓰지 않았고, 오히려 잊고 싶었다. 하지만 나의 뇌는 럼주와 괴로운 상태를 영구히 결합했다. 어쩌면 크리켓까지도. 다만 나는 이 결합을 아직 시험해 보지 않았다.

흥미로운 것은, 긍정적 경험과 부정적 경험이 비대칭이라는 사실이다. 부정적 결과는 거의 항상 더 강력히 작용하고, 긍정적 결과보다 우리에게 더 큰 영향을 미친다. 따라서 직관을 위한 연합 학습에서 부정적 사건이 학습을 촉진하는 데 더 큰 영향을 미친다. 뇌가 이렇게 작동하는 데는 그만한 이유가 있다. 부정적 사건이 생명을 위협하는 일이 많으므로 생존을 위해 그러한 경험을 빠르게 학습해야 하기 때문이다. 물론 여기에는 예외가 있다. 성性과 약물은 처음에는 긍정적으로 느껴지다가 나중에는 중독될 수 있다. 성은 대체로 긍정적인 경험으로 남지만, 중독으로 변질될 가능성도 있다.

정리해 보자. 직관의 기초를 쌓기 위해 얼마나 많은 학습이 필요한지는 주어진 경험이 긍정적인지 부정적인지 그리고 그 경험이 얼마나 강렬한지에 따라 다르다. 결과가 충분히 강렬하다면 나의 럼주 경험처럼, 단 한 번의 경험으로도 충분할 수 있다. 반면, 직관을 끌어낼 만큼의 연합을 형성할 정도 경험이 쌓이려면 1000번 혹은 2000번 반복해야 할 수도 있다.

숙달도-직관의 방정식에는 중요한 요인이 하나 더 있다. 환경도 연합 학습에 영향을 미친다는 사실이다. 환경은 SMILE의 다섯 번째 규칙으로 나중에 자세히 다룰 예정이니, 여기서는 간단히 언급하고 넘어가자. 주변에 결과를 예측할 수 있는 요소가 많을수록 연합이 더 분산되고 학습은 그만큼 약해진다. 따라서 복잡하거나 어수선한 환경에서는 반복 학습을 더 많이 해야 하는데, 이런 환경에는 뇌가 학습할 예측 요소가 더 많기 때문이다. 학습 이론의 자세한 내용은 이 책에서 다루기에는 지나치게 복잡하다. 간단히 말하자면 직관을 신뢰하기 위해 얼마나 많은 경험이 필요한지를 결정하는 주요 요인은, 바로 결과의 강도라고 할 수 있다.

__ 중요한 것은 타이밍

누구나 이런 경험이 있을 것이다. 좋은 사람들과 기분 좋은 식사를 마치고 집에 돌아와 무언가를 보거나 읽다가 잠잘 준비를 한다. 평소와 다를 바 없이 누워 곧 잠이 든다. 그러다 한밤중에 갑작스러운 재앙이 닥친다. 뱃속이 꾸르륵거리며 뒤틀리는 느낌이 들어 잠이 확 달아나 버린다.

식중독은 결코 즐거운 경험이 아니다. 평생 어떤 음식점이나 어떤 음식, 심지어 그 음식의 어떤 맛과도 멀어지게 할 수 있다. 다만 흥미로운 사실이 하나 있는데, 연합 학습의 한 유형인 음식 혐오는 음식을 먹은 시점과 배가 아픈 시점 사이에 몇 시간이 지나도 발생한다는 점이다. 이런 학습 유형에서는 '아, 아까 먹은 생선 때문일 거야'라고 의식적으로 생각할 필요가 없다. 아무것도 하지 않아도 우리 뇌가 음식과 병의 관계를 스스로 학습한다.

더욱 놀라운 것은 미각 혐오를 유도할 수도 있다는 점이다. 예를 들어, 당신이 맛있는 저녁을 먹은 후 내가 당신에게 메스꺼움을 유발하는 알약을 준다고 해보자. 물론 좋은 일은 아니다. 나는 당신에게 그 알약 때문에 아플 거라고 미리 알려준다. 당신 역시 메스꺼움의 원인을 충분히 인지하고 있다. 그런데도 당신의 뇌는 여전히 저녁에 먹은 음식과 메스꺼움을 연합할 것이다. 음식이 메스꺼움의 원인이 아니라는 사실을 충분히 아는데도 말이다.

이 현상에 관한 강력한 사례로, 암 환자가 화학요법을 받는 경우를 들 수 있다. 암 환자는 약물이 메스꺼움을 유발한다는 사실을 충분히 인지하지만, 그 시기에 먹은 음식에 혐오를 느끼게 되고, 나중에도 그 음식을 싫어하게 된다. 강도가 약하긴 하지만, 독감에 걸렸을 때도 유사한 현상이 나타날 수 있다. 그러니 아플 때는 평소 좋아하던 음식을 피하는 것이 좋다.

하지만 대개의 연합 학습에서는, 연결이 순식간에 형성된다. 카페에서 커피를 주문했는데 커피가 정말 맛이 없었다고 해보자. 이런 부정적 피드백, 곧 커피가 맛없다고 느끼는 반응은 커피를 마신 지 몇 분 안에 일어난다. 연합 학습에 대한 수많은 실험실의 실험에서도 피드백이 거의 즉시 일어난다. 쥐나 대학생 피험자가 무언가를 선택한 후 곧바로 보상이나 처벌을 받는 방식이다.

연합 학습이 직관에 미치는 역할에 관해서는, 학습에만 주목하는 과학 실험처럼 학습이 즉각적으로 일어날 때도 있지만 현실에서는 그렇지 않을 때도 있다. 예를 들어, 축구나 농구에서 왼쪽으로 갈지 오른쪽으로 갈지에 대한 직관적 선택은 즉각적 피드백을 제공해 좋은 선택인지 나쁜 선택인지 결과를 바로 확인할 수 있다. 그러나 직관을 위한 학습은 대개 식중독 사례처럼 시간이 걸린다. 몇 시간, 또는 며칠이나 몇 주가 지나야 선택에 대한 피드백이 돌아오는 것이다. 어떤 사람을 신뢰할지 말지 결정하거나, 어디에 투자할지 선택하거나, 집을 보고 와서 구입할지 말지를 결정한다고 해보자. 이런 선택에 대해서는 피드백이 곧바로 돌아오지 않고 한참이 지나서야 뇌에서 학습하는 데 필요한 정보를 받을 수 있다.

이처럼 피드백이 오기까지 오래 걸리는 선택으로 직관을 학습할 때는, 예측 요인과 결과 사이의 지연 시간이 길수록 연합 학습이 약해진다. 그리고 결과가 부정적일수록, 가령 식중독처럼 몸이 아픈 경우, 학습이 더 빨리 일어난다. 따라서 학습의 세 가지 규칙을 종합하자면, 즉각적이고 강력하고 부정적인 피드백이 돌아올 때, 가장 강력한 학습이 일어난다. 반면, 지연되고 약한 피드백이 돌아오면 학습이 서서히 일어난다.

어떤 주식을 살지 선택하면서 직관을 개발하려고 한다면, 주식 투자의 결과를 확인하기까지 몇 달을 기다려야 할 수 있다. 이럴 때는 학습이 약하게 일어난다. 어쩌면 한 번에 다 잃고 큰 타격을 입을지도 모른다. 따라서 이런 경우에는 수많은 피드백을 받아야 직관이 발달한다. 반대로 피드백이 즉각 돌아오는 선택과 행동에서는 학습이 훨씬 강하게 일어나므로 많이 반복하지 않아도 직관이 발달한다.

이처럼 직관적 선택이나 행동에서는 타이밍이 중요하다. 어떤 선택이나 행동과 그 결과 사이의 시간 간격이 짧으면, 피드백을 받기까지 오래 기다려야 하는 선택이나 행동에 비해 학습이 더 강력하게 일어난다. 피드백을 기다리는 시간이 짧아서 얻는 또 하나의 장점은, 같은 시간에 더 많이 선택하면서 피드백을 받을 수 있다는 것이다. 따라서 직관을 개발하는 연습을 최적화하고 싶다면, 피드백 주기가 짧은 상황부터 시작하는 것이 좋다.

__ 직관 학습을 극대화하는 법

연구에 따르면, 실패와 실수는 학습에서 매우 중요한 요소다. 실패와 실수는 우리의 뇌에 충격 신호를 보내 예상대로 진행되지 않으니 변화가 필요하다고 알린다. 그러면 뇌가 가소성의 상태, 곧 변화할 수 있는 상태가 된다. 뇌가 스스로 변화하도록 준비하면서 새로운 무언가를 배우기에 이상적인 상태가 되는 것이다.

이런 현상이 더 흥미로워지는 경우가 있다. 무언가 하나를 배울 때 실수를 많이 한 후 다른 무언가를 배우는 경우다. 우리의 뇌가 이미 변화할 수 있는 상태이므로 첫 번째 학습의 실수를 통해 다음번 학습이 더 수월해지는 것이다.

그러나 사람들은 대개 실패를 즐기지 않는다. 다트를 표적 밖으로 던지거나, 자전거에서 떨어지는 등의 실수를 좋아할 사람이 누가 있겠는가? 실패는 자신의 실력이 부족하고 잘하려면 엄청난 노력이 필요하다고 느끼게 하기 때문이다. 그 누구도 100퍼센트 실패하고 싶지는 않을 것이다. 이는 학습에도 효과적이지 않다. 다만 20퍼센트 정도의 실패율엔 장점이 있다. 비결은 실패를 더 즐겁게 만들고, 일종의 게임처럼 만드는 것이다.

이는 실제로 비디오게임의 방식과 정확히 일치한다. 비디오게임은 긍정적 강화와 보상을 주면서 도파민을 적절히 끌어올리는 방식을 통해 이용자가 실패에서 보람을 찾게 해준다. 실패를 기대하는 이유는 다음 단계로 넘어가는 방법을 알 수 있기 때문이다. 한마디로 실패하면서 받은 고통이 가시면, 학습이 비약적으로 발전할 수 있다.

비디오게임은 변동 보상 스케줄이나 언제 이길지 모르는 불확실성을 비롯한 여러 기법을 사용한다. 슬롯머신과 비슷하고 소셜미디어 플랫폼의 전략과도 유사하다. 물론 이런 전략이 항상 좋은 것은 아니다. 대만의 한 온라인 게임 카페에서 발생한 다음 사건이 그 단면을 보여준다.

이 카페의 여러 방에 들어간 수많은 이용자는 컴퓨터에 연결되고 최첨단 헤드폰으로 외부와 단절된다. 다들 월드오브워크래프트, 파이널판타지, 포트나이트, 리그오브레전드 같은 게임에 완전히 빠져 있다. 모두가 길게 이어진 책상 앞에서 길게 이어진 빨간 소파에 기대앉아서 게임을 한다. 이들 모두의 손이 게임용으로 맞춤 제작된 화려한 키보드 위를 맴돈다. 조명은 밝은 편이지만 대낮처럼 밝지는 않고, 주 7일 24시간 깨어 있게 만드는 정도다. 키보드와 마우스의 클릭 소리가 마치 사이보그 매미 떼의 소리 같고, 간간이 화난 탄식이나 갑작스러운 승리의 외침만 터져 나온다.

제복 차림의 대만 경찰이 카페 안으로 줄줄이 들어와도 게임 삼매경인 사람들은 눈길도 주지 않는다. 보통의 경우라면 충분히 관심을 끌 만한 상황이지만, 다들 게임에 빠져 경찰이 들어오는 줄도 모른다. 카페 직원이 경찰을 이끌고 책상 앞에 앉아 뻣뻣이 굳어버린 젊은 남자가 있는 구석 자리로 향한다. 아직 켜져 있는 모니터가 남자의 얼굴에 푸른빛과 흰빛을 비춘다. 경찰이 그를 살펴보고 고개를 저으며 다른 경찰들에게 나직이 뭐라고 말하자, 다들 조용히 동의하는 표정을 짓는다. 경찰들은 노란 테이프를 꺼내 그 젊은 남자가 앉은 그대로 굳어버린 구석 자리에 저지선을 친다.

그러자 근처에서 게임을 하던 몇 사람이 고개를 들어 잠깐

더 좋은 결정을 위한 뇌과학

그들을 쳐다보다가, 이내 다시 모니터와 게임으로 돌아간다. 경찰들은 황당한 얼굴로 주위를 둘러보면서 같은 공간의 누군가가 의자에 앉은 채 죽었는데도 아무도 신경 쓰지 않는 광경에 놀라움을 감추지 못한다. 사실 그 남자가 죽은 지는 한참 됐다. 그는 몇 시간이나 미동도 없이 그대로 있었다.

나중에 밝혀진 바로는, 시에라는 이름의 그 남자는 바로 몇 시간 전에 심장마비로 사망했다. 직원이 그가 움직이지 않는 것을 알아채고 가서 확인한 시간은 10시간 정도가 흐른 뒤였다. 그는 사흘 넘게 카페에 머무르는 동안, 한 번도 카페를 떠나지 않았다고 했다.

이런 온라인 게임 카페는 24시간 영업을 하면서 이용객들에게 음식과 음료도 제공한다. 경찰에 따르면, 시에는 카페에 머무는 장시간 동안 차가운 실내 온도에 노출되고 피로가 누적돼 심장마비를 일으킨 것으로 추정된다.

카페 직원은 시에가 단골이었고 매번 며칠씩 연이어 게임을 했다고 진술했다. 그가 피곤할 때면 늘 책상에 엎드려 자거나 의자에 축 늘어져 있었기에, 그의 죽음을 알아차리는 데 그렇게 오래 걸렸다고도 말했다.

이처럼 며칠 연속으로 온라인 게임을 하는 상태를 '게임이용장애gaming disorder'라고 한다. 세계보건기구WHO는 이 장애를,

"게임에 대한 통제력 상실, 다른 관심사나 일상생활보다 게임을 우선시함으로써 부정적 결과가 발생해도 게임을 지속하거나 확대하는 상태"라고 정의한다. '게임 돌연사sudden gamer death'라는 명칭이 있을 정도로 게임 중에 사람이 사망하는 일은 생각보다 자주 발생하는 문제다.

게임은 왜 이렇게까지 매혹적이고 중독적인 걸까? 게임에서 이기는 학습과 다른 학습 사이에는 분명한 차이가 있다. 보통은 자리에 앉아 새로운 무언가를 배울 때 그 과정에 당장 중독되지는 않는다. 고등학생이 사흘 연속 쉬지 않고 공부하기를 멈추지 못했다는 말을 들어본 적이 있는가?

반면, 게임에서는 실패가 흥미롭고 보람 있다. 모든 게임에는 도전적 활동이 포함되는데, 고도의 집중력과 장시간 학습, 수만 번의 고통스러운 실패와 좌절을 요구하는 활동이다. 게임 세계 안에서 플레이어는 여러 번 '죽는다'. 게임에서는 이렇게 실패하고 죽어도 여전히 보람이 있다. 그렇다면 직관의 학습에 이런 게임의 논리를 적용할 수 없을까?

학습 속도를 높이기 위해서는 실수를 반복하기만 하는 것이 아니라 어떻게, 왜 실수했는지에 주목할 필요가 있다. 앞서 보았듯 직관의 학습은 연합 학습이고, 이런 유형의 학습은 우리가 의식하지 않아도 일어난다. 하지만 실수에 즉각적으로 영향을

더 좋은 결정을 위한 뇌과학

미치는 환경 요인과 판단의 결과에 주목하면, 학습 속도를 한층 끌어올릴 수 있다.

학습에서 또 하나의 중요한 요인은 놀라움이다. 자신만만하던 과제에서 실수를 저지르게 되면 단지 실수를 한 것에서 그치는 것이 아니라 그 실수에 놀라게 된다. 당신을 놀라게 만든 실수는 주의를 끌어당겨 당장 그 실수에 주목하게 만듦으로써 뇌에 무엇을 바꿔야 하는지 명확히 전달한다. 놀라움은 형광펜처럼 뇌가 주요 항목을 학습하게 해서 다음번에 같은 놀라움을 피할 수 있게 만든다.

학습에서 가장 중요한 부분은 활동이나 연습을 중단한 이후다. 이때 뇌에서는 '학습 통합learning consolidation'이라는 과정이 시작된다. 뇌에서 학습한 내용이 장기 기억으로 넘어가는 과정을 생각해 보자. 이 과정은 거의 즉시 시작되어 그날 밤 잠자는 동안에도 계속 이어진다. 따라서 잠을 잘 자는 것도 중요할 뿐 아니라, 새로운 무언가를 학습한 직후 짧은 휴식이나 낮잠을 자는 것도 도움이 될 수 있다. 새로운 무언가를 학습할 때마다 반드시 낮잠을 자야 하는 건 아니다. 그러므로 무언가를 연습한 후 충분히 여유를 두는 것이 학습에 도움이 된다는 학습 통합의 개념을 이해할 필요가 있다.

앞에서 우리는 학습에서 타이밍이 얼마나 중요한지 살펴보았다. 나아가 학습의 진행 과정을 추적하면 동기와 집중력, 학습을 개선하는 데 효과적일 수 있다는 것을 확인했다. 비디오게임에서 점수나 화폐, 진행도를 표시하는 것과 같은 원리다.

마지막으로 학습에 관해 알아두어야 할 것이 하나 더 있다. 지나치게 많이 연습하면 오히려 해로울 수 있다는 것이다. 반드시 많을수록 좋은 것은 아니다. 실제 연구 자료에 따르면, 어떤 일은 너무 오래 끊임없이 연습하면 오히려 학습을 저해할 수 있다. 피곤하면 연습이 늘어지고 기술도 함께 떨어진다. 한마디로 우리의 인지적 자원과 집중력, 신체적 자원이 한정적이라는 사실을 인정해야 한다는 말이다. 휴식을 취하지 않으면 시간이 지나는 사이 학습의 효율이 떨어진다. 예를 들어 처음 30분은 많은 내용을 흡수하고 빠르게 발전하는 것 같지만, 계속 밀어붙이면 효율이 점점 떨어지는 것을 체감할 수 있다.

모두에게 보편적으로 적용할 수 있는 학습의 '최적' 지속 시간을 찾아내는 것은 어렵다. 학습은 학습할 내용의 성격과 동기 수준, 인지 능력과 신체 능력, 이전 경험을 비롯해 여러 요인에 영향을 받기 때문이다. 다만 대개는 짧은 시간부터 시작하는 것이 좋다. 20분 정도나 각자에게 적절한 시간을 정하고, 그 시간이 효과적이라면 30분, 이어서 40분, 50분까지도 늘려갈 수 있다.

더 좋은 결정을 위한 뇌과학

__ 숙달의 증거

노르웨이 출신의 체스 그랜드마스터인 망누스 칼센Magnus Carlsen은, 체스 마스터라고 하면 떠오르는 천재 중 하나다. 체스와 함께 호흡하고 체스가 온몸의 모든 세포에 스며든 부류라고 할 수 있다. 누군가가 무언가를 통달했다고 말하고 싶다면, 망누스가 체스를 통달한 상황에 빗대어 표현하면 될 정도다. 그런데 실제 그의 체스 능력은 어떻게 확인할 수 있을까? 정답을 알기 위해 그가 참가한 테스트를 살펴보자.

망누스는 영국의 체스 그랜드마스터이자 해설자인 데이비드 하월David Howell과 함께 체스판 앞에 앉아 있다. 두 사람은 시범 경기로 역사적으로 유명한 체스 게임의 일부를 복기하려 한다. 첫 번째로 1960년 세계 체스 챔피언십의 미하일 탈 대 미하일 보트비니크의 게임이다. 망누스와 데이비드의 앞에 놓인 체스판은 당시 게임의 어느 한 순간과 정확히 일치하게 재현되었다. 망누스는 체스판을 한 번 보고는 잠시도 머뭇거리지 않고 말한다. "아, 네, 이건 탈과 보트비니크의 게임 같네요. 아마 여기서 다음 수는 퀸 D5였고, 그다음은 루크 A6였고, 탈이 이겼어요."

"맞습니다." 데이비드가 고개를 끄덕이며 미소를 짓는다. 망누스는 그 게임을 단번에 알아봤을 뿐 아니라, 그다음의 몇 수까지 정확히 기억해 냈다.

다음으로 데이비드가 체스판을 다시 배치해 1987년 세계 챔피언십의 가리 카스파로프 대 아나톨리 카르포프의 게임을 재현하기 시작한다. 그런데 데이비드가 말을 다 놓기도 전에 망누스가 정답을 맞힌다. "이건 세비야에서 열린 24번째 게임이네요, 맞죠?" 데이비드는 크게 웃으며 손에 든 말을 내려놓는다. "맞습니다. 다음으로 넘어갈까요?"

데이비드는 이번에는 다른 방식으로 망누스를 시험하기로 한다. "이번에는 오프닝을 배치해 볼 테니, 어떤 게임인지 알겠으면 누가 흑을 맡았는지 말씀해 주세요." 데이비드는 체스판을 게임의 대형으로 배치한 후, 체스에서 가장 작고 두 번째 대열에 서는 흰색 폰을 움직인다. 이어서 반대편에서 거울처럼 대응하는 흑색 폰도 움직인다. 다음은 흰색 나이트가 이동하고, 이어서 흑색 나이트가 이동한다. 순간 망누스가 말한다. "네, 이건 아난드일 거예요."

데이비드가 믿기지 않는다는 감탄의 표정을 짓는다. 겨우 말 네 개만 움직였을 뿐이다.

"상대는요?" 데이비드가 묻는다.

"자파타요." 망누스가 미소 지으며 답한다.

"몇 년도요?"

더 좋은 결정을 위한 뇌과학

"아, 1987년 혹은 1988년이요." 망누스가 말한다.

"네, 1988년이에요." 데이비드가 말한다.

이번에는 데이비드가 트릭 테스트로 넘어간다. 2001년 해리 포터 시리즈 첫 번째 영화에서 해리가 마법에 걸린 체스 말들과 대결하는 가상의 게임을 재현하기로 한 것이다. 데이비드가 체스판을 배치하자, 망누스가 체스판을 응시한다. "이건 볼드 경기일 수 있겠는데요." 망누스가 말한다. 볼드란 온라인 체스 학습 및 경기 플랫폼인 볼드체스BoldChess를 말한다.

"좋은 추측이에요." 데이비드가 말한다.

"흠. 힌트가 필요하겠는데요." 망누스가 말한다.

데이비드가 엔터테인먼트 산업에서 나온 장면이라고 말하자, 망누스는 "그래요, 흑이 퀸을 잃었으니까, 이건 해리 포터 시리즈의 첫 번째 영화겠군요"라고 답한다.

어떤가? 체스 선수가 일반인보다 기억력이 좋다는 의미일까? 그렇지는 않다. 연구에 따르면, 체스 말을 무작위로 놓고 체스 선수와 일반인에게 배치를 기억하라고 하면, 체스 선수라고 일반인보다 더 잘 기억하는 것은 아니었다.

기억의 작동 원리에서는, 어떤 대상에 더 익숙하면 일정한 패턴으로 묶거나 더 큰 덩어리로 묶어서 기억하는 것이 수월해진다. 대다수 사람의 단기 기억은 매우 제한적인데, 짧은 시간에 네 개에서 일곱 개 정도의 항목만 기억할 수 있다. 따라서 여러 항목을 하나의 일관된 패턴이나 덩어리로 정리하는 방법을 찾는 것이 중요하다. 그러면 가령 열두 개의 항목을 하나씩 기억하지 않고 하나의 덩어리로 기억할 수 있어서 기억의 공간을 확보할 수 있다.

체스 마스터들도 바로 이 방법을 쓰는 것이다. 그들이 체스판에서 말 하나하나의 위치를 기억에 남을 때까지 외우고 연습하는 것은 아니다. 스미스 오프닝이나 존스의 수 세트처럼 체스판의 배치를 하나의 항목으로 기억한다. '덩어리 만들기chunking'라는 이 기법은 기억할 수 있는 정보량을 크게 늘려준다. 단기 기억과 장기 기억 양쪽 모두에 효과적인 기법이다.

장기 기억에 효과적인 또 하나의 기법으로, '기억 궁전memory palace'이라는 것이 있다. 마음의 눈으로 궁전과 같은 장소를 상상하고, 그 공간에서 걸어 다니며 기억할 대상을 각기 다른 위치에 배치하는 방법이다. 여기서는 기억할 대상을 의미 있고 인상 깊게 만들어야 더 쉽게 기억할 수 있다. 이런 단순한 기법을 연습함으로써 망누스처럼 기억력을 높일 수 있다.

그러면 이런 기법이 직관을 사용할 만큼 자신이 충분히 숙달됐는지 판단하는 것과는 어떻게 연관될까? 학습은 일종의 기억이다. 뇌가 환경의 예측 요인과 가능한 결과 사이의 연관성을 학습하면, 그 정보가 기억의 형태로 저장된다. 하지만 이것은 단순히 체스판의 말을 어떻게 움직였는지를 저장하는 것과는 다른 기억이다. 망누스는 모든 게임에서 이기기 시작하면서 자신이 체스 마스터가 되었다는 걸 알았을 것이다. 그런데 자신의 직관을 사용하고 신뢰할 수 있을 만큼 충분히 숙달된 시점은 어떻게 알 수 있을까?

안타깝게도, 직관을 사용할 만큼 자신이 충분히 숙달됐는지 아는 것은 물론, 충분히 숙달한 시점이 언제인지 알아챌 수 있는 정확한 징후는 없다. 다만 자신이 잘 가고 있는지 알기 위해서는 놀라움의 빈도를 관찰하는 방법이 있다. 학습이 일정 수준에 이르면, 놀라움이 감소해야 한다.

우선 직관을 연습할 때는 다섯 가지 SMILE 규칙이 모두 충족돼야 한다. 이들 규칙을 자연스럽게 적용할 수 있을 만큼 익숙해져야 한다. 다섯 가지 규칙이 충족되면 직관을 연습하고 그 결과가 얼마나 성공적인지 파악해야 한다. 예를 들어, 두 카페 중 한 곳을 직관적으로 선택하고 그 선택에서 후회나 기쁨과 같은 놀라움이 없었다면, 직관이 제대로 작동했다는 뜻일 수 있다. 다시 말해, 직관을 따르면서 놀랄 일은 없다.

물론 이런 단발적 사례가 숙달의 충분한 증거가 되지는 않겠지만, 시간이 지나면서 놀라움 없이 여러 번 직관을 사용하는 경험이 쌓이면서 증거도 함께 쌓여갈 것이다. 나중에 자세히 다루겠지만, 처음에는 작은 영향을 미치는 선택으로 직관을 연습하는 것이 바람직하다. 인생을 바꿀 만한 중대한 선택에서부터 시작해서는 안 된다.

숙달로 향하는 길은 연합 학습을 거친다는 사실을 기억해야 한다. 연합 학습은 맥락 중심이므로, 직장에서 배운 직관이 가정에도 그대로 적용되지는 않는다. 직관을 연습하고 싶은 영역마다 따로 연습해야 한다. 예를 들어, 직장에서의 직관을 키우고 싶다면 직장에서 연습하고, 가정에서는 가정에 맞는 직관을 연습하며, 스포츠에서는 스포츠에 맞는 직관을 연습해야 한다.

직관의 다섯 가지 규칙이 익숙해질 때까지 연습하면서, 선택이나 행동에 대한 내부수용감각에 주목해야 한다. 이 감각을 먼저 따른 후 결과를 평가해, 성공의 정도를 확인한다. 이 과정을 반복하다 보면 점차 자동화될 것이다. 이것이 바로 학습이 일어나는 방식이다. 운전을 처음 배울 때를 떠올려보라. 작은 움직임 하나에도 예민하게 신경을 집중해야 했고, 아마 브레이크를 너무 빨리 혹은 너무 세게 밟아 차가 덜컥 멈춘 적도 있을 것이다. 그 뒤로 수백 시간 운전을 하다 보면 운전에 완전히 집중하지 않고도 어느새 집에 도착해 있는 자신을 발견하게 된다. 한때는 어렵게 느껴지던 동작들이 이제는 걷는 것만큼이나 자연스럽고 수월해진 것이다.

이것이 바로, 인간 뇌의 놀라운 능력이다. 새로운 기술을 배울 때, 점점 그 기술을 수행하는 경험이 자동화되고 심지어 무의식중에 일어나게 된다. 직관을 발휘하는 데도 이와 같은 원리가 적용된다.

3장
충동과 중독

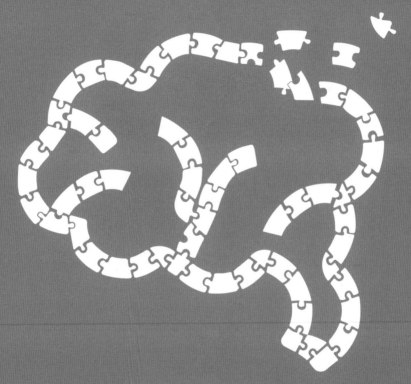

SMILE
IMPULSES and ADDICTION

충동적 욕구는 직관적 통찰이 아니다

●

불확실성 속에서 성공하기 위한 첫 단계는, 우리가 느끼는 두려움은

변화하는 세계에 맞춰 적응하는 능력이 없으며, 환경에 도사리고 있

는 위험에 대한 우리의 직관이 보내는 경고도 아니라는 사실을 이해

하는 것이다. 사실 이런 두려움은 진화의 산물로, 과거 불확실성이

생사를 가르던 시절에서 비롯된 것이다. 이런 기제를 이해하면, 두

려움을 넘어 신경계가 두려움을 받아들이도록 훈련하는 실용적인

방법을 배울 수 있다.

__ 직관과 혼동되는 낡은 본능

2020년 초, 코로나19 범유행이 막 시작된 시기를 떠올려보자. 코로나19 바이러스는 우리 모두를 불확실성의 소용돌이로 몰아넣었다. 정말 모두가 심각한 병에 걸릴까? 그러다 결국 죽게 될까? 모든 것이 폐쇄될까? 이미 호주에서는 파괴적인 산불이 동부 해안을 따라 번지면서 참혹한 여름을 보낸 터라, 더더욱 초긴장 상태였다. 앞으로 무슨 일이 벌어질지 그 누구도 예측할 수 없었다.

사람들은 이러한 불확실성 때문에 슈퍼마켓에서 휴지나 파스타를 싹쓸이했다. 마지막 남은 휴지를 두고 싸우는 이들의 영상이 온라인에 속속 올라왔다. 서로 옷을 잡아당기고, 밀치고,

발로 차고, 소리치는 모습이었다. 영화 〈파이트 클럽*Fight Club*〉이
나 새해 전야에 취객들이 벌이는 난투극처럼 보였다.

다음은 어떻게 될까? 음식이 사라질까? 물과 전력이 끊길
까? 베네수엘라에서 성장하며 식량과 의약품, 전기가 부족한
시절을 겪어봤던 아내는, 나와는 다르게 상황을 매우 심각하게
받아들였다. 반면, 나는 그럴 가능성을 그다지 심각하게 느끼지
못했다. 이것이 바로 불확실성의 특징이다. 사람에 따라 불확실
성을 다르게 받아들이는 것이다. 어떤 사람은 앞으로 무슨 일이
벌어질지 모르고 현재 상황이 선명하지 않을 때 크게 동요하는
데, 이런 모호한 상황에 몰리면 그들의 뇌에서 두려움을 관장하
는 영역이 활성화되기 때문이다. 실제로 우리 영장류는 불확실
성을 두려워하게끔 설계되었다.

이런 타고난 두려움은 환경에서 학습된 것이 아니므로 적응
하는 데 방해가 될 때도 있다. 인간의 뇌는 불확실한 상황에서
마치 독사나 독거미를 본 것처럼 반응한다. 불확실성에 대한 반
응에 개인차가 있긴 하지만, 대다수는 불확실한 미래를 떠올리
면 극심한 공포를 느낀다. 심리학 실험에서는 사람들이 흐릿한
이미지를 보는 것조차 불편해하는 것으로 나타났다. 가령, 포토
샵으로 사진을 흐릿하게 만들면 대다수가 불편하다고 평가한
다. 사람들은 모호하고 흐릿한 대상을 보는 것을 좋아하지 않는

더 좋은 결정을 위한 뇌과학

다. 불확실성에 대한 우리의 선천적 두려움은 의사결정 능력에도 여러 가지 방식으로 혼란을 준다. 위험을 회피하거나 아무것도 결정하지 못하는 상태에 빠질 수 있다.

현대 사회는 초기 호모사피엔스가 살던 시대만큼이나 불확실성으로 가득 차 있다. 새로운 바이러스와 기후 변화, AI, 전쟁이 미지의 상황에 대한 우리의 본능적 공포를 자극해 삶을 더 어렵게 만든다. 우리는 불확실성을 싫어한다. 가령 짧게 기다리더라도 얼마나 기다려야 할지 모르는 상황보다는, 항공편 연착처럼 정확한 변경 시간을 알고 더 오래 기다리는 쪽을 선호한다. 기다리는 시간이 더 짧더라도 불확실한 상황을 더 견디기 힘들어한다는 뜻이다. 우버가 성공한 데는 여행의 불확실성을 줄여주는 혁신적 접근이 통했다는 평가가 있다. 우버가 있기 전에는 모퉁이에 서서 택시가 언제 올지, 요금이 얼마나 나올지, 시간이 얼마나 걸릴지 모른 채 마냥 기다릴 수밖에 없었다. 그런데 우버가 이러한 불확실성을 제거했고, 그로 인해 불안과 불편함도 함께 제거됐다.

기술이 지배하는 세계에서 인간의 타고난 본능과 반사 신경은 일상의 불확실성을 견디느라 고군분투한다. 우리는 이런 불확실성을 마주하면 종종 원시적 본능으로 돌아가 공포로 얼어붙거나 불안을 느끼다가 결국 슈퍼마켓에서 물건을 사재기할 수 있다.

그런데 만약 내가 불확실성을 수용하는 것이 현대 사회에서 강력한 이점을 될 수 있다고 말한다면 어떻겠는가?

불확실성 속에서 성공하기 위한 첫 단계는, 우리가 느끼는 두려움은 변화하는 세계에 맞춰 적응하는 능력이 없으며, 환경에 도사리고 있는 위험에 대한 우리의 직관이 보내는 경고도 아니라는 사실을 이해하는 것이다. 사실 이런 두려움은 진화의 산물로, 과거 불확실성이 생사를 가르던 시절에서 비롯된 것이다. 이런 기제를 이해하면, 두려움을 넘어 신경계가 두려움을 받아들이도록 훈련하는 실용적인 방법을 배울 수 있다.

그러는 사이 삶의 질과 몸과 마음의 건강이 향상될 뿐만 아니라, 창의성도 높아지고 직관도 강화될 수 있다. 우리가 미지의 대상에 느끼는 두려움은 직관이 우리에게 무언가 잘못됐다고 경고하는 것이 아니라, 본능일 뿐이다. 본능은 타고나는 것이다. 반면에 직관은 학습되고 적응하는 것이다. 직관은 우리가 환경에 적응하도록 도와준다.

SMILE의 I는 '충동과 중독impulses and addiction'을 의미한다. 충동은 우리가 날 때부터 가진 반사적 반응이다. 직관처럼 학습된 것이 아니라 타고난 것으로, 직관과 본능을 혼동해서는 안 된다. 동물의 왕국에서는 본능이 왕이다. 연어는 산란을 위해 강

더 좋은 결정을 위한 뇌과학

을 거슬러 올라가고, 새들은 보이지 않는 힘에 이끌려 수천 킬로미터를 이동한다. 갓 태어난 거북이는 부화한 직후 본능적으로 바다로 기어갔다가 오랜 시간이 지나 정확히 태어난 위치로 회귀한다. 그러나 복잡한 인간 세계에서는 본능이나 반사와 직관의 경계가 모호할 수 있다. 이 복잡한 미로와 같은 세상을 헤쳐 나가려면 둘 사이의 차이와 이것들이 우리 삶에서 하는 역할을 이해해야 한다.

우선 본능에 관해 알아보자. 레몬을 입에 머금으면 입꼬리가 옆으로 비틀리고 눈이 찡그려지는데, 이런 반응은 아기에게도 나타나는 본능이다. 우리는 세상에 나올 때 특정 맛과 냄새에 대한 반응을 장착한다. 이런 반응은 독이 든 음식을 피하게 해주어 생존에 중요한 역할을 한다.

다음으로 반사는 몸이 자극에 자동으로 반응하는 현상으로, 우리를 위험으로부터 보호하기 위한 장치다. 뜨거운 표면에서 재빨리 손을 떼거나 콧속에 입자가 들어올 때 나오는 재채기, 무릎을 두드리면 나타나는 전형적 반사처럼 신경계에 설정된 단순하고 신속한 반응이 바로 반사다. 반사는 의식적인 사고 없이 일어나고, 온갖 위험이 도사리는 세상에서 생존을 위한 필수 요소다. 하지만 반사 역시 직관은 아니다.

다만 인간의 본능이나 반사는 유전적으로 결정돼 여러 세대에 걸쳐 우리의 DNA에 각인됐지만, 오늘날의 세계에 적응적이지 않을 때가 많다. 세상은 빠르게 변하는데 본능은 변하지 않는 것이다. 그리고 본능은 좀처럼 바뀌지 않는다. 그에 반해 직관은 적응력이 뛰어나 현대인의 삶에 완벽하게 맞춰진다. 직관은 타고난 능력이면서도 어떤 결정에서 직관을 사용하는 방식은 경험으로 학습된다. 직관은 즉석에서 학습되고, 변화하는 환경에 맞춰 끊임없이 적응한다.

문제는 우리가 본능과 직관을 혼동할 때다. 본능과 직관은 비슷하게 느껴져 혼동하기 쉽다. 실제로 많은 기사나 책에서도 두 용어를 자주 혼용한다. 다만 우리가 기억해야 할 것은, 본능이나 반사가 시대에 한참 뒤떨어질 수 있다는 점이다.

직관과 혼동해서는 안 되는 또 하나의 낡은 본능이 있다. 바로, 편안함을 추구하는 충동이다. 당신이 혹독한 겨울 한복판을 견뎌내야 하는 인류의 조상이라고 상상해 보라. 당신은 이를 부딪치며 덜덜 떨면서 다음 먹을거리를 찾아 눈 덮인 평야를 터덜터덜 걷는다. 살을 에는 듯한 찬바람에 발가락이 마비되고, 숨을 들이마실 때마다 유리 조각을 들이켜는 느낌이다. 이제 다시 현재로 돌아와 온도가 조절되는 환경에서 라테를 마시며 와이파이 신호가 약해서 4K TV를 잡지 못한다고 투덜대는 당신을 보라.

더 좋은 결정을 위한 뇌과학

오해하지 마라. 중앙난방은 인류의 경이로운 발명이다. 온도 조절장치를 버리고 석기시대로 돌아가자고 말하려는 게 아니다. 다만 인간의 몸은 수천 년에 걸쳐 진화하면서 차가운 빙하기의 새벽도 견디도록 설계됐다. 우리 몸에는 체온을 조절해 주는 내장 난로라 할 수 있는 열발생thermogenesis 장치가 들어 있는데, 이는 추위 앞에서 작동한다. 또 우리 몸은 더운 기후에도 건강을 돕는 열충격단백질heat-shock protein을 생산한다. 그러나 지금 우리 인간은 편안함을 추구하는 충동에 이끌려 이런 타고난 신체 반응을 기술에 맡기고 있다.

어찌 보면 돈을 써가며 스스로를 더 약하게 만드는 셈이다. 우리는 편안함에 대한 집착으로 추위와 더위가 주는 건강상의 이점을 피하려 한다. 추위에 노출되면 기분이 상쾌해지고 면역력이 증강되며 나아가 지방을 태우는 데도 도움이 된다. 반대로 사우나를 이용하는 사람도 많은데, 과학적으로도 양극단의 온도 체험이 주는 수많은 이점이 입증됐다.

그렇다면 왜 우리는 불편함을 피하려 할까? 편안함을 향한 애착 또한 우리에게 깊이 각인된 본능으로, 태어날 때부터 장착된 것이다. 과거에는 이 본능이 생명을 구하는 역할을 했을 것이다. 하지만 오늘날과 같은 풍요와 편의의 세상에서 지나친 편안함으로 인해 한때는 우리를 보호하던 충동이 부적응적인 것이 되고 만 것이다. 그러니 이제 불확실하거나 불편한 상황을 마주하게 된다면, 본능적으로 피하지 말고 불편함을 감수하며 끊임없이 변화하는 세상에서 강력한 무기를 얻을 수 있다는 점을 상기하자.

불확실한 상황에서 성공하고, 불편하고 어려운 일을 해내며, 어떠한 상황에서도 두려움 없이 살아가는 방법을 배운다면, 현대 사회에서 전략적 이점을 얻을 수 있다. 본능이나 반사와 직관의 차이를 명확히 구분하면, 기술과 급속한 변화가 지배하는 시대에 더 잘 적응하고 성공할 수 있다. 본능은 직관이 아니라는 사실을 명심하자.

__ 비직관적 식사

늦은 밤에 소파에 늘어져 있는데, 익숙한 충동이 일어난다. 그 충동은 허리케인처럼 강렬해서 저항할 도리가 없다. 소파에서 겨우 몸을 일으켜 비틀비틀 주방으로 가서 어느새 아이스크림 통을 손에 들었다. 그릇? 그런 건 필요 없다. 아이스크림 통에 숟가락을 꽂고 퍼먹기 시작한다. 그런 사소한 것까지 챙기기에 인생은 너무 짧지 않은가. 숟가락이 매끄럽게 빨려 들어가는

더 좋은 결정을 위한 뇌과학

초콜릿 소용돌이에 감탄한다. 무엇보다 맛! 차가운 아이스크림의 질감이 세상에서 가장 맛있는 눈송이처럼 혀에서 사르르 녹는다. 애당초 천천히 먹을 생각은 없었다는 듯 숟가락 가득 아이스크림을 연신 퍼먹으며 대회에서 우승을 위해 얼음 조각을 빚듯이 아이스크림을 파낸다.

머릿속에서 그만 먹으라는 목소리가 들리지만, 또 한 숟가락 집어넣어 그 소리를 잠재운다. 내 몸이 제일 잘 알지 않겠어? 이 같은 충동이 생기는 데는 다 이유가 있을 거란 말이다. 그래서 아이스크림을 계속 퍼먹으며 충동에 굴하는 순수한 만족감에 빠져든다. 어느새 비워진 통을 두고 다시 소파에 쓰러진다. 배부르고 만족스러운 채로.

30분쯤 지나자 새로운 배고픔이 꿈틀거린다. 2라운드? 물론이지. 이번엔 초콜릿칩 쿠키다. 내 몸은 원하는 것을 마음껏 먹으라고 허락했고, 나도 그렇게 할 생각이다.

요즘 '직관적 식사Intuitive Eating'라는 캠페인이 유행이다. 배고픔을 존중하고 너무 많이 먹을까 봐 걱정하지 말라는 것이다. 음식과 화해하고 자신에게 먹고 싶은 것을 먹도록 무제한으로 허락하자는 운동이다.

그렇다면 아이스크림과 초콜릿칩 쿠키를 먹는 것이 옳은 일처럼 느껴지지 않는가? 내면의 갈망은 자연스러운 것이고, 그 갈망을 따르는 것은 옳다. 배고픔을 존중하고, 음식과 화해했다. 머릿속에서 들려오는 '이건 몸에 나빠, 먹지 마'라는 목소리를 쫓아낸다.

하지만 이러한 충동은 계속해서 찾아오고, 점점 강렬해진다. 이것이 진정 직관적 식사일까? 중독성을 띤 식품으로 가득한 세상에서, 이것이 과연 좋은 방법일까?

이런 식의 원초적 갈망은 스마트폰을 계속 들여다보고 소셜미디어의 피드를 끊임없이 스크롤하고 싶은 충동과 유사하다. 좀비처럼 저절로 주방으로 가는 행동이 로봇처럼 스마트폰을 집어 드는 행동으로 바뀌었을 뿐이다. 어느새 우리의 눈은 스마트폰의 화면에 고정되고 엄지로 끊임없이 피드를 넘기며 무한히 새로 뜨는 반짝반짝한 이미지들을 흡수한다. 음식에 대한 갈망을 따를 때처럼 이런 행동도 자연스럽고 직관적으로 느껴지기에 스스로에게 스크롤을 무제한으로 내리도록 허락한다.

하지만 강력하고 저항할 수 없는 갈망은, 직관의 환상일 뿐이다. 알코올이나 소셜미디어의 강박적 사용을 비롯한 온갖 약물과 행동은 이런 갈망을 자극해 우리 뇌의 보상 시스템을 건드린다. 무서운 현실은 이런 충동이 중독으로 이어질 수 있고, 이로 인해 다른 모든 것이 전혀 중요하지 않은 것처럼 보이게 만든다는 것이다. 이러한 충동은 우리에게 즐거움을 주고, 실제로

더 좋은 결정을 위한 뇌과학

뇌의 화학적 구조와 연결을 바꾼다. 무엇보다 현대의 음식과 담배, 알코올, 소셜미디어에 대한 충동을 직관과 혼동하면, 자칫 중독으로 넘어갈 수 있다. 이 같은 갈망은 직관이 아니다. 우리는 그 차이를 명확히 인식해야 한다.

직관은 오랜 경험에서 비롯된 미묘한 느낌으로, 환경과 가능한 결과 사이를 연결시킨다. 갈망과 직관이 비슷하게 느껴질 때도 있지만, 둘은 근본적으로 다르다.

__ 갈망, 중독 그리고 직관

갈망은 직관과 마찬가지로 우리 내면에서, 곧 인간의 내부 지각 체계인 내부수용감각에서 나온다. 그렇다. 갈망을 관장하고 중독의 미로를 관통하는 체계는 직관과 구조가 같다. 직관적이지 않게 들릴 수 있지만, 우리로 하여금 즉시 결정을 내리게 해주는 구조는 우리가 쿠키를 한 입 더 먹고 싶어 하는 갈망을 불러일으키는 구조와 밀접히 얽혀 있다. 그리고 양쪽 모두 학습에 의존한다.

다만 이런 학습 체계는 즐거운 경험, 이를테면 단 음식과 니코틴, 운동 후 분비되는 엔도르핀, 코카인, 성관계 같은 것에 장악당할 수 있다. 여기서 도파민이 등장한다. 도파민은 뇌 작동에 중요한 요소로, 우리 자신과 몸의 세포에 무엇을 할지 화학적으로 신호를 전달한다. 도파민은 엔도르핀과는 다르다. 도파민은 신경전달물질 세계에서 중요한 역할을 담당하는데, 특히 쾌락과 동기부여의 영역에서 제 역할을 한다. 도파민은 우리로 하여금 케이크 한 조각을 먹게 하고, 게임에서 승리하게 하며, 친구와의 만남을 기대하게 만드는 원동력이다. 가속 페달을 밟아 매력적인 경험을 향해 돌진하게 만드는 '발'의 역할인 셈이다.

음식 섭취나 성관계가 도파민 수치를 150에서 200퍼센트까지 끌어올리는 데 비해, 코카인 같은 약물은 500퍼센트, 암페타민은 1000퍼센트까지 끌어올릴 수 있다(물론 이들 약물은 단순한 도파민 급증 외에도 중독을 유발하는 다양한 방식으로 뇌에 영향을 미친다). 이런 쾌락적 경험이 뇌에 미치는 영향은 직관이 학습되는 일반적 과정과는 비교할 수 없을 정도로 크다. 따라서 더 나은 결정을 내리고 더 행복하게 살기 위해 직관을 개발하려는 우리의 목표와는 거리가 멀다.

큰 보상을 주는 경험에서 생기는 갈망은, 우리 몸에서 직관으로 느끼는 긍정적, 부정적 감각과는 차원이 다르다. 직관과 마찬가지로 갈망 또한 뇌의 학습 체계의 산물이다. 그러나 직관에 비하면 갈망이라는 감각은 대개 극단적이다. 이를테면 레드

더 좋은 결정을 위한 뇌과학

불을 마시거나 비행기에서 뛰어내리거나 상어와 함께 잠수하는 정도인 셈이다.

더욱이 갈망은 극단적으로 긍정적이거나 적어도 그렇게 느껴지는 경향이 있다. 갈망의 끌림은 매우 강렬하기에, 우리는 점점 더 갈망하게 된다. 이처럼 보상이 큰 행동을 스테로이드를 맞은 직관에 비유할 수 있다.

이런 갈망에는 스테로이드처럼 불쾌한 부작용이 따른다. 인간의 뇌는 이런 경험이 주는 도파민 급증에 익숙해지고, 점차 그 상태가 정상이 된다. 결과적으로 점점 더 그 상태에 의존하게 되는데, 이것이 중독이다. 갈망이 아무리 자연스럽고 중요하게 느껴져도, 시간이 지날수록 점점 더 강해져 더 큰 것이 필요해지는 것이다. 무엇보다 이런 갈망을 충족시킨다고 해서 더 나은 결정을 내리거나 더 나은 삶을 살 수 있는 것은 아니다. 중독의 길에 들어서면, 뇌는 그 활동이 주는 도파민과 여러 화학물질을 갈망하도록 재편된다. 그리고 자극이 들어올 때마다 뇌의 도파민 생성 능력이 떨어져, 결국 무기력하고 무감각하고 의욕을 잃은 상태가 된다.

그렇다면 스마트폰을 들고 소셜미디어를 들여다보며 새로운 메시지를 찾으려는 마음은 직관에서 온 것일까? 이러한 갈망의 논리가 직관으로 느껴질 때가 있다. 가령 뇌가 이전 게시

물에서 얻은 미묘한 단서를 바탕으로 이번 게시물이 널리 퍼져 나갈 거라고 예상할 수도 있다. 그러면 확인해 봐야 하지 않을까? 그것이 직관인지, 아니면 도파민에 중독된 갈망인지 어떻게 알 수 있을까?

열쇠는 갈망의 강도에 있다. 직관에서 가장 강렬한 느낌은 주로 부정적 감정이다. 존 뮤어가 에베레스트산에서 뱃속이 가라앉는 듯한 불쾌한 느낌을 받았던 일을 예로 들 수 있다. 반면에 중독성 있는 무언가에 대한 갈망은 거의 항상 긍정적인 끌림으로 나타난다.

뇌는 때로 재밌는 방식으로 작동한다. 긍정적 감정과 부정적 감정에 대한 반응을 보면, 부정적인 것에 대한 반응이 긍정적인 것에 대한 반응보다 대체로 더 강하다. 뇌는 이런 식으로 작동한다. 오랜 시간에 걸쳐, 부정적이고 잠재적으로 위험한 상황에 더 크게 반응하도록 진화했다. 그래야 생존 가능성이 커지기 때문이다. 예를 들어, 꽃을 따지 못했거나 강아지를 쓰다듬지 못했다면 조금 슬픈 정도일 테지만, 접근하는 독사를 보지 못했다면 목숨을 잃을 수도 있다. 따라서 직관에서는 긍정적 측면과 부정적 측면이 균형을 이루지 않는다. 부정적인 일에서 더 많은 학습이 일어나기 때문에, 부정적인 것을 직관의 일부로 더 자주, 더 강하게 느낄 수 있다.

더 좋은 결정을 위한 뇌과학

한편 갈망과 중독은 다른 장단에 맞춘다. 강력한 부정적 감정에 떠밀리는 것이 아니라, 강한 긍정적 끌림에 의해 유혹당하는 것이다.

따라서 다음에 무언가를 향한 강렬한 갈망과 마주할 때, 그것을 간절히 원하고 그것을 얻으면 큰 승리를 거둔 것처럼 느껴질 때, 그것이 전부인 양 느껴질 때, 이럴 때는 '잠시 멈춤' 버튼을 누르자. 잠시 자신을 점검하자. 그 순간 느껴지는 감정은 직관이 보내는 미묘한 신호가 아니라, 중독성을 가진 대상이 끌어당기는 힘일 수 있다. 긍정성으로 위장한 사이렌의 노래가 직관의 안전한 항구가 아니라, 중독의 위험한 암초로 이끌어가는 것일 수 있다.

다만 여기에는 몇 가지 예외가 있다. 첫 번째 예외는 사랑이다. 순수한 사랑은 강력하고 진정성 있는 자연스러운 감정을 불러일으킬 수 있다. 누군가에게 압도적으로 끌리는 감정이 우리를 뒤흔들 수 있고, 직관이 이런 자석 같은 끌림에 어느 정도 영향을 미칠 수 있다. 따라서 앞서 설명한 일반론은 마음의 문제에는, 특히 사랑과 같은 복잡하고 미묘한 감정에는 똑같이 적용되지 않을 수 있다. 성관계 역시 중독성을 띨 수 있다. 성중독이라는 질병도 존재한다. 그렇다고 성을 멀리하라는 말은 아니다. 성관계도 일반론에서 또 하나의 예외로 넣어야 한다.

세 번째 예외는 신체 활동이다. 규칙적으로 운동하는 사람들은 많은 경우 운동을 갈망하기 시작한다. 이러한 갈망은 대개 엔도르핀 분비와 관련이 있는데, 엔도르핀은 천연 진통제이자 기분을 고양시키는 펩타이드다. 운동에 대한 갈망은 몸을 건강하게 해주는 습관일 수도 있지만, 운동 중독이나 강박적 운동으로 이어질 수도 있다. 운동 중독은 건강과 안녕을 해칠 정도로 신체 건강과 운동에 집착하는 현상이다. 비교적 드물기는 해도 심각한 상태가 될 수 있다.

네 번째 예외는 사회적 상호작용이다. 인간은 사회적 동물이고, 많은 사람이 사회적 상호작용에 건강한 갈망을 느낀다. 앞서 말한 일반론을 따르지 않는 또 하나의 끌림이다. 사회적 연결은 정서적 안녕감에 크게 기여할 수 있다. 게다가 창의적인 분야에 종사하는 많은 사람이 창의성과의 관계가 중독적이라고 말한다. 시각 예술을 하는 예술가들은 그림을 그리거나 조각하거나 스케치할 때 몽환적 상태에 빠진다고 증언한다. 이런 작업에 몰입한 상태는 강렬하고 때로는 압도적인 끌림으로 인해 중독에 비유된다.

정리하자면, 본능이 직관으로 느껴질 수 있듯이 충동과 중독도 직관으로 착각하기 쉽지만, 이들은 서로 대체할 수 있는 개념이 아니다. 따라서 자기도 모르는 새 직관으로 위장한 충동이

더 좋은 결정을 위한 뇌과학

일어날 수 있으므로 주의해야 하고, 충동을 직관이라고 부르며 정당화하지 말아야 한다. 직관을 연습하면서 양쪽의 차이를 알고 어떻게 구분하는지 배울 필요가 있다.

__ 중독이 망가뜨린 나침반

많은 연구에 따르면, 약물 중독이나 도박 같은 행동 중독을 보이는 사람들은 의사결정에서 뚜렷한 차이가 드러난다. 2010년부터 2014년까지 토론토 시장을 지낸 로브 포드Rob Ford의 사례를 보자. 포드는 2013년 말에 어려운 시기를 보냈는데, 그 모습이 영상 몇 편에 고스란히 담겼다.

한 영상에서는 포드가 크랙 코카인을 튜브로 피우는 장면이 나온다. 또 다른 영상에서는 그가 기자들 앞에서 크랙 코카인을 피운 것은 인정하지만 중독되지는 않았다고 말하는 장면이 담겨 있다. 또 다른 흐릿한 핸드헬드 영상에는 셔츠에 넥타이를 맨 차림의 포드가 회의실로 보이는 곳에서 허공에 대고 가상의 누군가를 향해 주먹질하며 소리치는 모습이 담겨 있다. "그놈의 목을 딸 거야 … 그놈의 눈을 뽑아서 … 죽여버릴거야." 이 부끄러운 영상이 유출된 후, 그는 토론토 시민들에게 사과 영상을 올렸다.

여기서 끝나지 않았다. 그가 중독 문제를 부인하며 자신의 행동과 선택에 무심한 듯한 태도를 보이는 영상이 더 올라왔다. 아이들 앞에서 욕을 하고 언론 앞에서 부적절한 발언을 하며, 자신이 무얼 원하는지도 알지 못하는 모습을 보여주면서도 포드는 스스로 정상이고 평범한 사람이라고 주장한다. 그는 이처럼 언론에 끊임없이 화젯거리를 던져주며 미국의 모든 심야 토크쇼에도 불을 붙였다.

어떻게 된 것일까? 그가 보인 기이한 행동과 선택으로 비교적 짧은 기간에 포드 시장은 점점 나락으로 떨어지는 듯했다. 그는 임기가 끝나고 2년 뒤인 2016년에 사망했다. 수차례의 부인과 잘못된 판단, 성급한 결정 등은 약물과 알코올, 행동 중독을 보이는 사람에게 나타나는 전형적인 신호였다.

심리학자와 신경과학자들은 중독이 의사결정에 미치는 영향을 알아보기 위해 수많은 실험을 진행했다. 의사결정 실험은 주로 두 유형으로 나뉜다. 첫 번째는 지연 할인 과제로, 우리가 일상에서 자주 접하는 결정의 유형이다. 이를테면 장기적으로 건강에 좋은 음식을 지금 먹을 것인지, 아니면 장기적으로는 건강에 나쁘지만 당장 입에 맛있는 음식을 먹을 것인지를 정하는 문제다.

더 좋은 결정을 위한 뇌과학

실제 실험에서는 이렇게 묻는다. 오늘 20달러를 받을 것인가, 아니면 6개월 후에 50달러를 받을 것인가? 오래 기다릴 경우 기다리는 시간에 대한 보상으로 더 많은 돈을 준다. 지금 돈을 받을 경우 바로 그 돈으로 물건을 사서 더 오래 즐길 수 있다. 게다가 6개월 뒤 무슨 일이 일어날지 누가 알겠는가? 이러한 질문에 대해 중독에 빠진 사람들은 지금 당장 돈을 받는 것을 선택하는 경향이 훨씬 강하다. 즉각적 보상을 주는 행동을 선호하는 편향이 뚜렷한 것이다. 중독자들이 장기적 조건을 선택하게 하려면, 훨씬 더 큰 돈을 제시해야 한다.

중독이 의사결정에 미치는 영향을 알아보기 위한 또 하나의 실험으로, 도박 과제가 있다. 이 실험에서 참가자들은 카드 네 벌 중 한 벌에서 한 장을 고를 수 있다. 카드를 뽑을 때마다 그 카드로 승자가 되는 데 베팅하지만, 승률은 컴퓨터로 제어되고 카드 묶음마다 승률이 다르다. 어떤 카드 묶음은 더 안전하고 작은 승리를 평균적으로 더 많이 제공하는 반면, 또 어떤 카드 묶음은 손실이 커서 위험하지만 몇 번의 큰 승리를 제공한다.

실험 결과, 중독에 빠진 사람들은 그렇지 않은 사람들에 비해 위험한 카드 묶음에서 카드를 더 자주 선택하고, 큰 손실을 본 뒤에도 계속 위험한 카드 묶음에서 카드를 뽑았다. 당연한 결과처럼 보일 수 있지만, 이를 통제된 실험실 환경에서 증명하는 게 중요했다. 그런데 이 실험에서는 중독에 빠진 사람들이나 그렇지 않은 사람들 모두 부정적 결과(큰 손실)로부터 배우지 못했다. 다만 중독에 빠진 사람들은 손실을 보고도 같은 강도로 겁먹지 않는 듯 보였다.

흥미롭게도 이런 의사결정의 차이뿐 아니라, 중독이 뇌 구조와 기능의 차이와도 관련이 있다는 증거도 나왔다. 중독과 의사결정에 관한 연구에는 하나의 난제가 있다. 현재로서는 이런 행동이나 뇌의 차이가 중독되기 이전부터 존재해 그 사람이 중독에 걸리기 쉽게 만드는지, 반대로 중독이 행동과 뇌에서 이런 변화를 유발하는지 명확히 알 수 없다는 것이다. 아니면 이 두 가지가 혼합된 결과일 수도 있다.

중독에 빠진 사람들은 또한 체화된 감정 반응(내부수용감각)과 의식적 감정을 연결하는 데도 어려움을 겪는다. 그러나 신경과학자들이 중독에 빠진 사람들의 직관을 직접 검증한 연구가 없고, 이 분야에는 아직 많은 연구가 필요하다. 다만 현재까지의 연구로 보아, 중독 상태에서는 정상적인 의사결정 시스템이 작동하지 않는다고 말할 수 있다.

만약 약물이나 행동에 중독된 상태라면, 직관을 사용하지 않는 것이 좋다. 중독에 빠진 상태에서는 직관이 제대로 작동하지 않을 가능성이 크기 때문이다. 더 충동적인 결정을 내리고, 감

더 좋은 결정을 위한 뇌과학

정에 생산적으로 연결되기 어려울 수 있다. 당장 무언가에 대한 충동을 강하게 느끼고, 나중에 오는 부정적 결과를 대수롭지 않게 여길 가능성이 크다.

그러면 습관은 언제 중독이 될까? 모두가 소셜미디어에 중독될까? 커피에 중독될까? 이 책에서는 중독을 진단하는 세부 기준을 다루지 않지만, 일반적으로 중독의 임상적 정의는 '만성적이고 재발하는 장애'와 같은 용어로 설명되고, 이는 사회적, 심리적, 신체적 건강에 영향을 미친다. 중독이 의심된다면 전문가의 도움을 구하는 것이 좋다.

결론적으로, 본능과 직관은 서로 다른 개념이다. 본능은 타고난 것이라 불확실성에 대한 두려움처럼 때로는 부적응적일 수 있다. 갈망과 중독도 직관처럼 느껴질 수 있지만, 직관과 다르다. 만약 당신이 무언가에 중독된 상태라면, 직관을 사용하거나 개발하려고 시도하지 않는 것이 좋다.

4장
낮은 확률

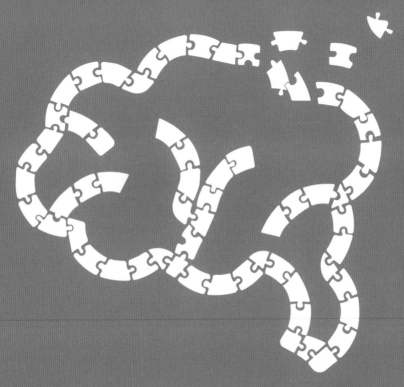

SMILE
LOW PROBABILITY

확률적 사고가 필요할 땐 결정을 피하라

●

앞으로 당신이 비행기 추락 사고나 상어의 공격처럼 생생하고 상상
하기 쉬운 일을 걱정하고 있다면, 그것은 당신의 직관이 보내는 신
호가 아니라는 사실을 기억해야 한다. 할 수만 있거든 걱정은 잠시
접어두고 실제 수치를 살펴보라. 당신이 상어의 공격으로 죽을 확률
보다 번갯불에 맞거나, 햇볕에 과도하게 노출되거나, 불꽃놀이 폭
죽을 잘못 다루다 죽을 확률이 훨씬 크다.

__ 우리를 화나게 만드는 게임쇼

인간은 확률에 약하다. 우리의 뇌는 숫자를 컴퓨터처럼 정확히 계산하지 못한다. 커피의 맛과 향을 느끼듯 숫자를 경험하지도 않는다. 예를 들어보자.

우리는 1970년대 미국의 게임쇼 〈거래합시다_Let's Make a Deal_〉의 세트장에 와 있다. 음악이 울려 퍼지고 관객들이 직접 만들어온 화려한 피켓을 흔들며 환호한다. 관객들이 외계인과 선원, 치어리더, 광대, 요정을 비롯해 온갖 복장을 차려입은 탓에 흡사 핼러윈 축제 같다.

사회자 몬티 홀_Monty Hall_이 등장하자 박수갈채가 쏟아지고 관객들의 함성이 더 커진다. 그는 객석의 바나나 복장을 한 여자를 지목한다. 실험 참가자가 된 여자가 일어나 흥분으로 몸을 떨며 말을 더듬는다. 그러는 사이 보조 진행자가 상자 세 개가 실린 평평한 카트를 끌고 들어온다.

몬티가 "여기 이 A, B, C라고 적힌 상자 세 개 중 하나에는 1975년형 링컨 콘티넨털 신차의 열쇠가 들어 있습니다"라고 말한다. 그가 손으로 무대의 벨벳 커튼을 가리키자 커튼이 올라가고 번쩍이는 빨간색 자동차가 나타난다. 당시 가격으로 약 1만 1000달러, 오늘날 가치로 약 5만 5000달러에 달하는 자동차다. 몬티는 이어서 "나머지 두 상자는 비어 있습니다. 열쇠가 든 상자를 고르면 당신은 자동차를 가져갈 수 있습니다"라고 말한다.

몬티가 카트에 놓인 상자 세 개를 가리킨다. 참가자가 숨을 들이마신다. 몬티가 "상자 하나를 고르세요"라고 말한다.

참가자가 긴장한 표정으로 B 상자를 고르자, 몬티가 상자 가격으로 100달러를 제안한다. 참가자가 거절하자 몬티가 200달러로 금액을 올린다. 객석에서 누군가가 '안 돼!'라고 소리친다.

몬티가 이렇게 말한다. "자 보세요. 당신이 고른 상자에 자동차 열쇠가 들어 있을 확률은 3분의 1이고, 그 상자가 비어 있을 확률은 3분의 2예요."

참가자가 이어서 500달러 제안까지 거절하자, 몬티는 "좋아요, 당신을 위해 남은 상자 중 하나를 열겠습니다"라고 말한다.

더 좋은 결정을 위한 뇌과학

그는 A 상자를 연다. 상자 안이 비어 있다. 관객의 환호와 함성이 더 커진다.

몬티가 이어서 말한다. "자, C 상자나 당신이 고른 B 상자 중 하나에 자동차 열쇠가 들어 있어요. 당신이 고른 그 상자에 현금으로 1000달러를 드리겠습니다." 객석에서 "안 돼, 안 돼!"라고 만류하는 소리가 들린다.

바나나 복장의 참가자는 "괜찮습니다"라고 말하며 이제 완전히 분위기에 빠져들었다.

"좋아요." 몬티가 말한다. "마지막 기회입니다. B 상자를 C 상자와 바꾸시겠습니까?"

이번에는 객석이 조용해지며 혼잣말로 조용히 생각하는 소리가 들린다. 참가자는 긴장하며 처음 선택한 B 상자를 고수한다. 그녀와 몬티는 함께 B 상자를 연다. 안에는 아무것도 없다. 열쇠가 없다. 참가자는 손을 머리 위로 들고 몸을 숙이며 주먹으로 배를 세게 맞은 듯한 표정을 짓는다. 그러고는 당혹스러운 듯 펄쩍펄쩍 뛴다. 잘못된 선택을 한 것이다.

당신이라면 그 상황에서 어떻게 했겠는가?

이 문제를 다시 살펴보자. 상자가 세 개 있다. 자동차 열쇠는 그중 한 상자에 들어 있다. 당신은 어느 상자에 열쇠가 있는지 모르지만, 진행자 몬티는 알고 있다. 그리고 참가자가 상자를 선택한 후 그는 열쇠가 든 상자를 열지 않는다. 그러면 게임을 망칠 수 있기 때문이다. 여기서 문제는 참가자가 선택한 상자를 고수해야 하는가 아니면 바꿔야 하는가이다.

당신 앞에 상자 두 개가 놓여 있다고 상상해 보자. 나와 운 나쁜 참가자(그리고 대다수 사람처럼)라면 처음 선택한 상자를 고수할 것이다. 상자 두 개가 남아 있으니 확률은 50대 50이라고 생각하기 쉽다. 하지만 틀렸다. 통계적으로 이 게임에서 승리하려면 상자를 바꿔야 하고, 매번 바꿔야 한다.

통계학자가 아닌 대다수 사람에게는 이런 게임의 확률을 이해하는 것이 어렵고 당혹스러울 수 있으니, 확률을 풀어서 설명해 보겠다. 이 사례는 우리가 확률을 이해하는 데 얼마나 서툰지 잘 보여준다. 어렵지 않으니 걱정하지 마라.

게임을 시작할 때 상자가 세 개 있고, 당신이 열쇠가 있는 상자를 고를 확률은 3분의 1이다. 일단 선택한 뒤에는 남은 두 상자 중 하나에 열쇠가 들어 있을 확률은 3분의 2가 된다. 진행자가 당신이 선택하지 **않은** 상자 중 하나를 열 때, 그 상자는 항상 비어 있다. 그러면 처음에 당신이 선택하지 않은 두 상자에 분포된 확률이 이제 남은 한 상자로 집중된다. 그 상자의 열쇠가 있을 확률이 3분의 2로 올라가고, 당신이 처음 선택한 상자보다 열쇠가 있을 가능성이 두 배 더 커진다. 따라서 이 게임을 할

더 좋은 결정을 위한 뇌과학

때는 매번 상자를 반드시 바꿔야 한다.

이 문제는 현재 '몬티 홀 문제'로 불리며 유명해졌다. 인터넷에는 이 문제를 파헤치기 위해 수백 가지의 설명과 영상, 블로그 글을 통한 통계적 논의가 넘쳐난다. 이 문제는 1970년대 이후로 사람들을 계속 당혹스럽게 만들었다. 하지만 왜 정답이 그렇게 잘못된 것처럼 느껴질까?

우리가 이런 식의 확률 문제에서 빠른 결정을 내려야 할 때, 보통 직관적으로 어떤 답을 '느낀다'. 어떤 사람들은 직관으로 답을 안다고 말하겠지만, 사실 이것은 직관이 아니다. 인간의 뇌는 이런 종류의 확률을 처리하는 데 적합하지 않으므로 자주 틀린 답을 내놓는다. 또 하나의 '잘못된 직관'의 사례인 셈이다. 따라서 SMILE의 L은 '낮은 확률low probabilities'을 의미한다. 확률적 사고, 특히 낮은 확률과 관련된 문제에서는 절대로 직관을 사용해서는 안 된다는 규칙이다. 가령, 기후 변화나 흡연이 건강에 미치는 위험과 같은 문제를 생각해 보자. 이런 문제에서 확률을 이해하는 것은 숫자를 신중히 검토하지 않으면 매우 어렵다. 말했듯이 우리 뇌는 숫자를 잘 처리하지 못한다.

아직도 잘 모르겠는가? 여기 또 하나의 예시가 있다. 파티에 몇 사람을 초대해야 실제로 참석한 사람 중 두 명이 같은 날 생일일 확률이 50퍼센트가 될까? 1년은 365일이니 몇 명이 떠오르는가? 300명? 1000명? 아마 23명이 떠오르지는 않았을 것이다. 정답은 23명이다.

'그럴 리가 없어'라고 속으로 중얼거리는 소리가 들린다. 사실 당신의 생일이 다른 사람과 겹칠 수 있는 조합은 22개뿐이지만, 여기서는 그런 비교가 중요한 것이 아니다. 중요한 것은 각자의 생일을 다른 모두의 생일과 비교하는 것이다. 각자 자신을 제외한 모두의 생일을 비교해야 한다. 첫 번째 사람은 다른 22명과 비교하게 되고, 두 번째 사람은 이미 첫 번째 사람과 비교했기 때문에 한 명이 줄어든 21명과 비교한다. 세 번째 사람은 20명과 비교하고, 이런 식으로 모든 수를 더할 때까지 계속 비교한다. 그러면 모두 253번의 비교가 이루어진다. 우리는 이 과정을 머릿속으로 쉽게 그릴 수 없기에 확률을 이해하지 못한 채 단순히 자신을 집단 안의 나머지 22명하고만 비교한다고 생각한다.

앞서 말했듯이, 인간은 확률을 이해하는 데 매우 서툴다. 우리에겐 종종 휴리스틱heuristics*이나 경험과 감정에 따른 본능에 의존하는 경향이 있다. 심리학에는 인간이 확률적 사고를 이해

●   신속한 결정을 내리기 위한 경험이나 감정에 기반한 마음의 지름길이나 어림짐작

더 좋은 결정을 위한 뇌과학

하는 데 얼마나 자주 실패하는지를 보여주는 사례가 넘쳐난다. 가만히 앉아서 확률을 종이에 적으며 차근차근 따져본다면, 결국에는 이해할 가능성이 크다. 하지만 즉석에서, 빠르게 처리해야 하는 순간에는 그럴 수 없다.

휴리스틱은 종종 직관과 혼동되지만, 둘은 서로 다르다. 휴리스틱은 즉각적 결정을 내리는 데 필요한 부담을 줄여주는 단순화된 전략이다. 정답을 보장해 주지는 않지만, 결정하는 데 필요한 시간과 인지적 부담을 크게 줄여준다. 최근에 내가 목격한 휴리스틱의 사례를 보자. 어느 카페에서 여름이라 모든 통창을 활짝 열어두었다. 그래서 특별히 문을 통하지 않고도 여기저기로 쉽게 걸어 들어가고 나갈 수 있었는데, 사람들은 여전히 문을 여닫으며 드나들었다. 여기서 휴리스틱은 더 쉽고 빠른 방법이 가능한데도 '문이 드나드는 곳'이라는 인식이다.

의사결정이나 직관과 연관된 또 하나의 인지 이론은 '시스템 1'과 '시스템 2' 이론이다. 이 이론에서는 우리에게 의사결정을 내리는 두 가지 주요 방식이 있다고 제안한다. 시스템 1은 빠르고 의식적 노력을 거의 들이지 않으면서 주로 정신적 지름길인 휴리스틱에 의존하는 방식이다. 시스템 2는 신중하고 분석적이고 논리적인 사고를 거쳐서 결정에 이르는 방식이다. 심리학자 대니얼 카너먼은 2011년 그의 저서 《생각에 관한 생각 *Thinking,*

Fast and Slow》에서 이 이론을 널리 알렸다. 의식적 사고 없이 이루어지는 모든 결정을 '시스템 1'로 분류했는데, 이는 흔히 직관과 연관시키는 방식이다. 하지만 문제는 이 시스템 1이 갖가지 인지 과정(프라이밍, 인지 편향, 시각적 착각, 연합 학습, 직관 등)을 모두 한 통에 몰아넣어 혼란스럽고 비과학적이라는 데 있다.

많은 인지 편향이 빠른 결정을 유도해, 불필요하게 문을 열고 드나드는 사례처럼 잘못된 판단으로 이어질 수 있다. 또 확률을 제대로 이해하지 못해 숫자를 신중하고 의식적으로 검토하지 않으면, 잘못된 결정을 내리게 된다. 우리의 본능은 깊이 생각하지 않고 빠르게 결정하도록 유도한다. 중독과 감정적 사고도 의식적이고 분석적인 사고를 거치지 않고 빠르게 결정하게 만든다. 그런데 시스템 1은 이런 각기 다른 과정을 하나로 묶는다. 다만, 모든 과정은 각기 다른 특성과 기제를 지니고 있으며, 이 책에서 정의한 것처럼 생산적이고 유용한 직관과는 다르다.

이런 모든 과정을 시스템 1이나 직관으로 묶는다면, 의사결정에 위험할 수 있다. 의사결정에 도움이 되는 과정과 방해가 되는 과정을 구분하지 못하기 때문이다. 다시 말해, 직관을 사용하는 것이 안전할 때와 안전하지 않을 때를 구분하지 못하는 것이다.

더 좋은 결정을 위한 뇌과학

심리학의 역사에는 의사결정에서 직관이 좋은 것인지 나쁜 것인지에 대한 논쟁이 많았다. 여러 가지 뇌 과정을 하나의 개념으로 묶는 바람에 혼란이 생긴 것이다. 따라서 직관의 분야에는 더 정교하고 세분화된 이론이 필요하다. 그래야만 여러 가지 뇌 과정을 구분하고, 의사결정을 위해 더 구체적인 조언을 제공할 수 있을 것이다.

__ 두려움은 직관이 아니다

제리 사인펠드Jerry Seinfeld가 스탠드업 코미디 공연에서 인간의 가장 큰 두려움에 대해 말하는 대목이 있다. 그는 사람들이 가장 두렵다고 보고하는 것은 죽음이 아니라, 남들 앞에서 말하는 것이라고 한다. 그리고 대다수 사람은 장례식에서 추도사를 읽느니 차라리 관 속에 눕기를 원할 거라고 말한다.

이 농담은 재미있을 뿐만 아니라, 진실이 담겼다. 인간은 자신을 해치거나 죽일 가능성이 큰 일보다 오히려 다른 것들을 걱정하거나 두려워한다는 것이다. 위험의 확률을 알고 있어도 두려움은 여전히 그 확률과 일치하지 않는다.

당신이 바다 위에 가볍게 떠 있는 상상을 해 보라. 저 멀리 해변이 보이고 사람들이 백사장에 누워 있거나 얕은 물에서 물장구를 치는 모습이 보인다. 그러다 희미하게 어떤 소리가 들린다. 외치는 소리 같다. 당신은 상황을 제대로 보기 위해 고개를 돌린다. 사람들이 두 팔을 흔들며 고함을 지른다. 바람에 소리가 날아가 뭐라고 말하는지는 들리지 않는다. 그 순간 시커먼 그림자가 당신 아래 물속을 지나간다. 그 아래에 정말로 무언가가 있는 걸까, 아니면 그림자의 농간일까? 당신은 급히 턱을 가슴 쪽으로 끌어내려 더 잘 보려고 하지만, 또렷이 보이는 것은 아무것도 없다.

당신은 얼른 해변 쪽을 돌아본다. 사람들이 이제 정말로 크게 비명을 지르면서 펄쩍펄쩍 뛰고 팔을 흔든다. 도대체 뭐라는 거야? 아니, 그럴 리가 없지만, 그렇다, 그들은 분명 "상어다!"라고 소리치고 있다. 당신은 당장 돌아서 해변을 향해 헤엄치기 시작한다.

단단한 무언가가 당신의 발을 친다. 사포처럼 거친 감촉이다. 이제 그 시커먼 그림자는 착각일 리 없다. 당신 바로 아래에 그 짐승이 있다. 당신이 헉헉대다 바닷물을 들이켜 숨이 막힌 사이 얼굴에 물이 튄다. 당신은 있는지도 몰랐던 힘을 끌어내 물을 휘젓는다. 그러고는 공황 상태에 빠져 자기 보존 본능에 완전히 사로잡히고 만다. 이제는 그 어느 것도 중요하지 않고, 오

더 좋은 결정을 위한 뇌과학

직 해변에 안전하게 도착하는 것만이 유일한 목표다.

그러다 철썩, 차에 치인 느낌이 든다. 엄청난 위력에 당신은 본능적으로 두 손을 아래로 뻗어 무엇이든 손에 닿는 대로 붙잡으려 한다. 이내 물속으로 끌려들어가 거대한 세탁기 속에 들어간 듯 몸이 이리저리 휘둘린다. 발로 차고, 주먹을 휘두르고, 잡히는 대로 할퀸다.

이 글을 읽으며 심장이 두근거렸다면, 미안하다. 이런 글을 읽으면 머릿속에 생생하고 선명한 이미지, 강렬한 공포 반응을 유발하는 이미지가 떠오르게 마련이다. 우리 실험실에서도 이런 실험을 진행한 적이 있다. 사람들이 작고 어두운 방에 앉아 컴퓨터 화면으로 이 같은 두려운 상황의 글을 읽어가는 동안, 우리는 사람들의 몸에서 일어나는 생리 반응을 측정했다. 실험 결과 상상력이 풍부한 사람일수록 정서적 반응도 강하게 나타났다. 반면에 '심상불능증aphantasia', 즉 이미지를 인식하지 못하고 상상하지 못하는 사람들은 대체로 두려운 이야기를 읽고도 신체 반응을 거의 보이지 않았다.

심상 능력이 뛰어나면 마음의 눈으로 무섭고 생생한 상황의 이미지를 떠올리고, 그러면 뇌의 나머지 영역에서 그 상황이 실제로 일어난 것이라 믿을 만큼 속아 넘어간다. 이런 생생한 이미지는 뇌에서 두려움과 다른 여러 감정을 관장하는 변연계 활동을 유발한다. 따라서 어떤 것이 상상하기 쉬울 때, 다른 모든 조건이 같다면 우리는 그것에 더 크게 반응할 수 있다.

결과적으로, 인간은 확률적으로 우리를 위협하는 대상보다 상상하기 쉬운 대상을 더 두려워한다. 또한 실제로 우리에게 해를 입힐 가능성이 더 큰 일보다 상상하기 쉬운 일을 더 많이 걱정한다. 이것은 인간이 확률을 온전히 이해하지 못한다는 또 하나의 강력한 예시다.

앞으로 당신이 비행기 추락 사고나 상어의 공격처럼 생생하고 상상하기 쉬운 일을 걱정하고 있다면, 그것은 당신의 직관이 보내는 신호가 아니라는 사실을 기억해야 한다. 할 수만 있거든 걱정은 잠시 접어두고 실제 수치를 살펴보라. 당신이 상어의 공격으로 죽을 확률보다 번갯불에 맞거나, 햇볕에 과도하게 노출되거나, 불꽃놀이 폭죽을 잘못 다루다 죽을 확률이 훨씬 크다.

이것이 직관에 무슨 의미가 있을까? 비행기 추락 사고나 상어 혹은 테러 공격에 강렬한 공포를 느낀다면, 생생한 이미지로 인한 두려움을 직관과 혼동해서는 안 된다. 중독으로 인한 신체 감각과 마찬가지로 이러한 두려움도 직관과 비슷하게 유혹적으로 느껴질 수 있다. 이는 직관이 아니다. 그러나 실제로 이런 일이 일어날 확률이 희박하다는 사실을 무시하도록 속일 수 있다. 생생한 이미지로 두려움을 불러내는 대상을 끌어들여서 의

더 좋은 결정을 위한 뇌과학

사결정을 내리지 않도록 주의해야 한다.

그렇다면 무엇을 걱정해야 할까? 확률론으로 접근한다면 여러 사망 원인의 확률을 따져볼 수 있다. 세계보건기구WHO의 자료에 따르면, 전 세계 사망 원인 1위는 심혈관 질환이다. 그런데 우리 중 몇 사람이나 심장질환을 걱정하며 스트레스를 받을까? 걱정하는 사람도 일부 있을 수 있지만, 남들이 나를 어떻게 생각하는지 혹은 직장과 거미, 뱀, 어둡고 음침한 물속에서 다가오는 백상아리에 대한 공포만큼이나 자주 두려워하지는 않을 것이다. 물론 대중 앞에서 말하는 상황에 대한 두려움도 마찬가지다.

__ 경마에서 이기는 말을 고르는 법

인간의 뇌가 확률을 제대로 처리하지 못한다는 사실을 보여주는 또 다른 방식의 사례를 살펴보자. 이번에는 영국의 사례다. 미혼모로 두 가지 일을 병행하며 생계를 꾸려가던 카디샤는, 어느 날 TV 다큐멘터리에 출연해 달라는 이메일을 받는다. 다큐멘터리의 주제는 경마에서 승리하는 말을 예측해 주는 확실한 시스템에 관한 것이다. 왠지 사기처럼 들리지 않는가? 그런데 이메일에서는 의문의 정보원이 첫 번째 예측으로, 보즈라는 말에 대해 이야기하면서 일단 베팅하지 말고 그냥 다음 경주에서 이 말이 어떤 성적을 거두는지 지켜보라고 제안한다. 그어떤 위험을 감수할 필요 없이 시스템을 시험해 볼 기회를 준 것이다.

카디샤는 나중에 집으로 돌아가 경마를 시청하는데, 놀랍게도 보즈가 우승을 거둔다. 이제 조금 관심이 생기기 시작한다.

다음으로 카디샤는 비디오카메라가 든 택배를 받는데(스마트폰 카메라가 아직 흔하지 않던 2008년의 일이다), 경주를 보고 베팅하여 돈을 따게 되면, 그 장면을 촬영해 달라는 요청이 따라온다. 이렇게 촬영한 영상이 다큐멘터리에 들어갈 거라고 한다.

두 번째로는 레이스드업이라는 말이 우승할 것으로 예측됐다. 카디샤는 이 정보를 경주가 시작되기 24시간 전에 받는다. 레이스드업은 결국 우승 후보가 아닌데도 경주에서 승리한다. 이번에는 카디샤가 실제로 돈을 걸어 베팅한 끝에 28파운드를 딴다. 두 번의 경주에서 두 번 모두 맞춘 셈이다. 승률이 100퍼센트다. 세 번째 예측이 도착하자, 카디샤는 다시 베팅하고, 다른 경마꾼들과 함께 마권 판매소에서 실시간으로 경주를 시청한다. 그리고 타운튼 브룩이라는 말에 20파운드를 건다. 이 말은 18 대 1의 배당률을 가진 아웃사이더인데도 결국 경주에서

더 좋은 결정을 위한 뇌과학

승리한다. 카디샤는 창구로 달려가 상금으로 360파운드를 손에 넣는다.

네 번째 경주에서도 카디샤가 선택한 말이 이긴다. 다섯 번째 예측을 전달받았을 때 카디샤는 직접 경마장에 가서 경주를 보기로 한다. 매번 말 이름은 경주가 시작되기 24시간 전에 전달됐는데, 이번에도 마찬가지다. 경마장 영상 속 카디샤의 모습이 긴장으로 시작해 실망과 의심, 두려움으로 바뀌는 사이, 그녀가 베팅한 말이 꼴찌로 달린다. 그런데 마지막 장애물에서 선두를 달리던 말이 착지하다가 넘어지면서, 다른 말들도 연이어 넘어지고 만다. 유일하게 넘어지지 않은 건 카디샤가 선택한 조 라이블리로, 이 말은 경주를 혼자 완주하며 승리한다. 중계 아나운서가 "믿기지 않는다!"라고 외친다. 카디샤도 마찬가지이지만, 그녀는 이제 다섯 번 연속으로 승리를 거둔다.

그날 카디샤는 드디어 시스템 너머에 있던 의문의 정보원을 만날 수 있는 자리에 초대를 받는다. 경마장의 개인실에서 테이블 앞에 앉아 있는 사람은 데런 브라운Derren Brown이다. 그는 영국의 유명한 심리 마술사이자 작가로, 여러 TV 프로그램과 무대 공연의 진행자로 활동하는 인물이다. 카디샤는 그를 바로 알아보고 깜짝 놀란다. 그가 사람들에게 어떤 식으로 속임수를 쓰는지 알기 때문이다.

그런데도 카디샤는 그의 말을 경청한다. 브라운은 자신의 베팅 시스템은 절대로 실패하지 않는다고 설명한다. 그러고는 카디샤에게 여섯 번째 경주에서 큰돈을 걸 말을 예측해 주면서 이번에도 패할 리 없다고 말한다.

"몇천 파운드를 모아오세요." 그가 말한다. "이 시스템이 어떻게 작동하는지 설명해 드릴 텐데, 시스템을 계속 이용할지 말지는 당신이 결정할 수 있어요. 과정이 매우 복잡하니 꼭 선택하지 않아도 됩니다. 어쨌든 이 시스템이 어떻게 작동하는지 알려드릴게요."

카디샤는 이 말에 설득당한다. 여기서 크게 이기면 인생이 달라질 것이다. 하지만 당장 수중에는 그만큼 큰돈이 없기에 아버지를 찾아간다. 그녀의 아버지는 그런 상황을 미심쩍어 하지만, 어쨌든 1000파운드를 빌려주기로 한다. 다만 카디샤는 그 정도론 부족하다는 생각에 대부업체를 찾아가 더 많은 돈을 빌린다. 마침내 4000파운드가 모인다.

다시 경마장으로 간 그녀에게 브라운은 다음 경주의 예측을 전달한다. 이번에는 2번 말, 문 오버 마이애미다. 브라운은 본인이 가서 대신 베팅해 주겠다면서, 카디샤가 돈을 얼마나 땄는지 보지 않기를 원한다고 말한다. 카디샤는 큼직한 돈다발을 꺼내 긴장된 표정으로 그에게 건넨다. 브라운은 카디샤에게 정말 이

더 좋은 결정을 위한 뇌과학

베팅을 한 것인지 다시 한번 확인한 다음 마권 판매소로 간다.

그리고 승리할 수 있는 마권을 들고 돌아와 그의 시스템에 관해 설명한다. "두어 달 전에 우리가 당신에게 연락을 취했지요. 그런데 그 연락을 받은 사람이 당신만은 아니었어요. 사실 우리는 아주 많은 사람에게, 그러니까 8000명에 가까운 사람들에게 연락했어요."

카디샤는 브라운의 말을 듣고 흥미로워하면서도 다소 걱정스러운 표정을 짓는다.

"우리는 7776명을 무작위로 여섯 개 집단으로 나눴어요. 집단 여섯 개에 말이 여섯 마리이니, 첫 번째 경주에서 각 집단에 각기 다른 말이 배정된 겁니다." 같은 집단에 속한 모두가 같은 말을 추천받았지만, 집단별로는 다른 말을 추천받은 것이다. 카디샤는 우연히 첫 번째 경주에서 승리한 집단에 속했다. 나머지 패배한 다섯 개 집단에 배정된 사람들은 시스템을 떠났다. 이제 시스템에는 1296명이 남았다.

두 번째 경주에서도 승리 집단의 사람들을 다시 무작위로 여섯 개 집단으로 나누었다. 이번에도 각 집단은 새로운 여섯 마리의 말 중 한 마리를 추천받았고, 같은 집단에 속한 사람들은 같은 말을 추천받았다. 역시나 패배한 다섯 개의 집단이 떨어져 나갔다. 이번에도 카디샤는 순전히 우연으로 승리 집단에 속했다.

이런 식으로 계속 반복되는 사이, 패배 집단이 탈락하면서 다섯 번째 경주에는 단 여섯 명만 남았다. 그리고 각자 다른 말을 추천받았다.

브라운이 카디샤에게 이 시스템을 설명해 주는 동안, 카디샤의 얼굴은 혼란스러운 표정이 떠오르다가 믿기지 않는 듯한 표정으로 바뀐다. 이어 브라운은 지난주, 곧 다섯 번째 경주에서 카디샤 혼자만 이 다큐멘터리를 위한 영상에 담긴 것은 아니라고 말한다. "지난주까지는 당신을 포함해 남은 여섯 명이 이 시스템이 절대 실패하지 않을 거라 믿었어요." 이제 카디샤는 시스템에 남은 마지막 사람이 되었다.

다섯 번째 경주는 알다시피 카디샤의 말 외에 나머지 모든 말이 넘어진 경주다. 그러나 설령 그런 일이 일어나지 않았더라도, 결국 승자는 한 명만 남았을 것이다. 다섯 번의 경주에서 연속으로 이긴 단 한 사람 말이다.

"이건 단순히 숫자 게임이에요." 브라운이 말한다. "당신은 그저 우연히 다섯 번 연속으로 이긴 사람이 된 겁니다."

카디샤는 놀라서 입을 벌리며, 애초에 승리할 말을 예측해 주는 '시스템'이란 존재하지 않으며, 그저 자신이 무작위로 고른 말에 모은 돈을 베팅한 것이란 사실을 깨닫는다. 브라운은 오늘 경주에서 어떤 말이 이길지 알 방법은 없다고 알려준다.

더 좋은 결정을 위한 뇌과학

"지금 무슨 생각이 드나요?" 그가 묻는다.

"젠장, 젠장." 카디샤가 말한다. "이 생각뿐이네요."

이 시스템은 베팅 시스템이 아니라 신뢰 시스템이었다. 사람들이 항상 이길 수 있다고 확신하도록 설계된 정교한 속임수였던 것이다. 그런데도 카디샤는 확신에 찬 나머지 절대 잃으면 안 될 돈을 예측 불가능한 경주에 베팅하고 말았다! 누군가가 순전히 운에 의해 다섯 차례의 경마에서 연속으로 승리할 수 있는 것은 사실이다. 이런 일이 일어날 확률은 희박하지만, 어쨌든 가능하긴 하다. 그리고 그런 일이 실제로 일어나면, 우리는 대개 카디샤처럼 단순히 운 때문이라고 여기지 못하고 다른 어떤 이유가 있을 거라고 믿게 된다. 가령 이 시스템이 무작위가 아니고, 마법 같은 일이 일어날 수도 있다고 믿게 되는 것이다.

경주가 시작될 즈음 카디샤는 "속이 울렁거리고 어지럽다"라고 말한다.

경주는 처음부터 삐걱거린다. 카디샤가 고른 문 오버 마이애미는 무리의 뒤에서 달린다. 그리고 경주 내내 그 자리에 머물다가 결국 꼴찌로 들어온다. "4000파운드가 날아갔네요." 카디샤가 말한다. "카메라만 없었다면, 전 지금 울고 있을 거예요. 이제 전 빈털터리가 됐고, 아버지한테 죽었어요."

다행히 이 이야기에는 행복한 반전이 있다. 브라운은 특유의 속임수로 카디샤의 돈을 문 오버 마이애미에 거는 대신, 경주에서 이긴 말에 걸었다. 그리고 카디샤에게 "당신은 방금 1만 3000파운드를 땄어요"라고 알린다.

카디샤는 모든 확률을 거슬러 연속으로 여섯 번의 경주에서 승리했다. 이런 희귀한 상황이 벌어지면 우리는 이것이 단순한 운이라고 생각하지 못한다. 카디샤는 매번 승리하는 말을 예측해 주는 가상의 시스템을 믿었다. 이 사건은 우리 뇌가 확률을 제대로 이해하지 못한다는 사실을 보여주는 또 하나의 사례다. 우리가 무작위 숫자를 떠올릴 때 같은 숫자가 길게 반복되는 경우는 잘 떠올리지 않지만, 사실 무작위 순서에서 이런 경우는 자연히 발생하며 무작위 숫자가 충분히 주어진다면 이런 현상은 꽤 자주 발생한다. 흥미롭게도 이는 사기를 탐지하는 방법이기도 하다. 가짜 데이터는 길게 반복된 숫자를 피하므로, 오히려 가짜를 드러내는 단서가 될 수 있는 것이다.

경마에서는 많은 사람이 날마다 베팅을 하므로 카디샤의 경우처럼 확률이 지극히 낮은 상황도 벌어질 수 있다. 경주의 전체 횟수가 클수록 이런 사건도 더 자주 발생할 것이다. 그러나 우리의 뇌는 확률을 제대로 이해하지 못하기 때문에, 이런 상황이 무작위로 나타날 수 있다는 사실을 인정하지 못한다. 자연스럽게 느껴지지 않아서다.

더 좋은 결정을 위한 뇌과학

이는 예지몽 같은 현상에서도 중요한 사실이다. 자료에 따르면, 인간은 평균적으로 매일 밤 약 다섯 개의 꿈을 꾸는데, 1년이면 약 1825개의 꿈을 꾸는 셈이다. 꿈을 꾸고 나면 대개 빠르게 망각하므로 많은 사람이 꿈을 꾸지 않았다고 생각하지만, 사실 꿈의 10분의 1만 기억한다고 해도 1년에 약 182.5개를 기억하게 된다. 그런데 감정적으로 강렬한 꿈, 가령 비행기 추락 사고와 같은 꿈은 기억에 남을 가능성이 크다. 미국인 약 3억 3000만 명이 1년에 기억하는 꿈의 수는 약 600억 개에 달한다. 호주인은 1년에 약 50억 개의 꿈을 기억한다.

비행기 추락 사고에 관한 꿈을 꾸는 사람의 비율은 상당히 높다. 이것이 흔한 공포증이기 때문이다. 그래서 실제 비행기가 추락할 확률은 매우 낮은데도(상업 항공기의 비행시간 10만 시간당 1회 정도의 비율이다), 어느 하룻밤에 비행기 추락 사고에 관한 꿈을 꾸는 사람은 많다. 따라서 비행기 추락 사고가 발생하기 전날 밤 여러 사람이 사고에 관한 꿈을 꿀 확률은 낮기는 해도 전혀 불가능한 것은 아니다.

인간의 뇌는 확률을 제대로 이해하지 못하기 때문에, 비행기 추락 사고에 관한 꿈을 꾸고 다음 날 실제로 그런 사고가 발생하게 되면, 단순한 우연이라고 믿지 못하고 분명 더 나은 설명이 있을 거라고 생각하게 된다. 우리의 뇌는 다른 이유를 찾으려 하고, 그러면서 우리 자신이 특별해서 예지몽을 꾼 거라 믿게 될 수 있다. 이를 '아포페니아apophenia'라고 한다. 서로 무관하거나 무작위적인 것들 사이에서 연관성이나 의미 있는 패턴을 찾으려는 경향을 뜻한다. 무언가 특별한 일이 일어난 거라 믿고 싶은 충동은 강하다. 이런 것이 직관처럼 느껴질지라도 사실은 직관이 아니다. 단순한 확률이다.

SMILE에서 L은 확률적 사고가 필요한 상황에서 직관적이거나 자동적으로 느껴지는 결정을 피하라는 의미다. '낮은 확률Low probability'에서 L을 따오기는 했지만, 이 규칙은 모든 확률적 사고에 적용된다. 우리의 뇌는 다른 것들처럼 확률을 학습하거나 처리하지 않으므로, 쉽게 속을 수 있다. 확률에 관한 것이라면, 컴퓨터나 스마트폰, 인공지능 도우미를 사용하는 편이 낫다.

더 좋은 결정을 위한 뇌과학

5장
환경

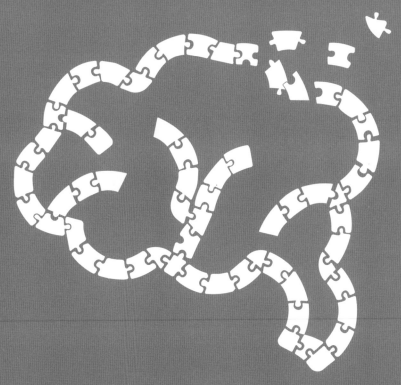

SMILE

ENVIRONMENT

익숙하고 예측 가능할 때만 직관을 사용하라

●

직관은 무작위 사건이나 불확실한 시스템에서는 제대로 작동하지

않는다. 아무 패턴도 없는 곳에서 어떤 패턴을 찾으려는 인지 편향

을 '아포페니아'라고 하는데, 이런 편향을 멈추기란 매우 어렵다.

__ 우주의 우사인 볼트

최고의 운동선수가 펼치는 경기에는 우아함이 깃들어 있다. 아마 육상 100미터 단거리 선수는 그중에서 가장 우아할 것이다. 우사인 볼트가 경기를 지배하고, 200미터를 전력 질주하는 모습은 감탄을 자아낸다. 그는 양팔을 로봇의 칼날처럼 휘두르며 이상할 정도로 부드럽게 달려 나가면서 단숨에 다른 선수들을 제치고 홀로 앞서간다. 그는 2017년에 은퇴했어도, 여전히 두 종목 모두에서 세계 기록 보유자다. 많은 사람이 그를 역대 최고의 선수 중 하나로 꼽는다.

그런데 한 영상에는 볼트가 출발하면서 비틀거리는 장면이 담겨 있다. 그가 중심을 잃고 팔을 휘저으며 양옆의 아마추어 선수들과 별반 차이가 없이 출발한다. 그는 지나치게 높이 튀어 오르다가 완전히 공중제비를 돌며 안전망으로 떨어진다. 어째서 역대 최고의 선수가 아마추어 선수들과 비슷한 실력을 보인 것일까?

이 영상은 멈샴페인Mumm Champagne이라는 주류 회사의 홍보 영상이다. 여기서 중요한 것은 상황이다. 볼트가 비행기 내부 저중력 환경에서 달리기를 시도한 것이다. 비행기가 포물선을 그리며 지구 중력의 두 배인 2그램부터 무중력 상태까지 다양한 중력 수준을 통과해 비행한다. 영상에서 볼트는 다른 두 명과 함께 전력 질주하려고 시도하지만, 무중력 상태에 접어들자 공중으로 떠올라 천장에 부딪히고 만다.

우사인 볼트는 오랜 세월 달리며 명실상부한 세계 최고의 육상 선수가 되었지만, 다른 환경에서 달릴 때는 그의 육상 실력이 도움이 되지 않는다. 팔다리의 무게가 달라지면서 너무 빨리 움직이게 되고, 발밑에 닿는 마찰력도 감소한다. 바닥을 지나치게 세게 밀어서 옛날 달 착륙 영상에서처럼 공중으로 튕겨 나간다. 환경이 바뀐 탓에 그가 평생 쌓은 훈련이 완전히 쓸모없어진 것이다.

당신이나 나 역시 비슷한 저중력 환경에 들어간다면, 평소 별생각 없이 움직이던 무수한 상황에 이제는 세심히 주의를 기

더 좋은 결정을 위한 뇌과학

울이면서 모든 것을 새로 배워야 할 것이다.

직관도 이와 마찬가지다. 환경이 달라지면 어느 한 환경에서의 상황과 가능한 결과를 연결하는 학습의 상당 부분을 재학습해야 한다. 몸의 움직임이든 의사결정이든, 상황이 달라지면 이전의 학습이 무용지물이 돼 직관도 쓸모가 없어질 수 있다. 우리의 뇌가 수년에 걸쳐 주어진 환경에서 어떤 일들에 대해 학습한 수많은 미묘한 단서가, 갑자기 무관한 것을 예측하게 되는 것이다.

상황이나 환경이 바뀌면 모든 것이 달라질 수 있다. 비언어적 신호는 이런 측면을 보여주는 강력한 사례다. 사실 비언어적 신호만큼 소리 없이 강력한 영향을 미치는 것도 드물다. 예를 들어, 뉴욕의 번잡한 거리에서 핫도그 주문을 정확히 받아준 노점상인에게 엄지를 치켜들며 감사 인사를 건네는 장면을 상상해 보자. 이 제스처는 대다수 서구 문화권에서는 지극히 무해하고 긍정적인 의도로 받아들여지지만, 이라크 바그다드 거리에서 이 제스처를 했다가는 봉변을 당할 수 있다. 바그다드에서는 엄지를 치켜드는 행위가 인정의 표시가 아니라, 서구권에서 가운뎃손가락을 치켜드는 것과 같은 모욕적인 표현이기 때문이다. 제스처의 의미가 완전히 달라져, 당신에게 유리하지 않은 방식으로 바뀐 것이다.

다음으로 불가리아의 한 회의실에서 중요한 사업 거래에 동의한다는 뜻으로 고개를 끄덕이는 모습을 상상해 보자. 그런데 거래가 갑자기 무산된다. 왜일까? 불가리아에서는 고개를 끄덕이면 '예'가 아니라 '아니오'를 뜻하기 때문이다. 동의할 때 고개를 한 번 끄덕이는 행동은 우리 중 많은 사람에게 본능적이고 자동적이지만, 다른 환경에서는 같은 동작이 전혀 다른 결과를 초래할 수 있다.

엄지와 검지를 맞대어 동그랗게 만드는 '오케이' 제스처 역시 다른 환경에서는 전혀 다른 의미일 수 있다. 이 제스처는 프랑스에서는 '무가치하다'고 외치는 표시이고, 브라질이나 독일 등 몇몇 곳에서는 매우 불쾌한 욕설로 여겨진다. 브라질의 어느 바에서 멋진 삼바 공연을 본 뒤 이 제스처를 취한다면, 댄서의 적대적인 태도를 마주할 수도 있다. 당연히 당신이 기대한 앙코르 공연도 없을 것이다.

그러니 낯선 곳에 가면 명심할 것이 있다. 환경은 단순히 말 없는 관중이 아니라는 사실이다. 환경은 적극적인 공연자로서, 직관에 관한 학습을 재구성하고 재정의하며 새로운 맥락을 부여하는 중요한 요소다. 그러니 신중히 대처해야 한다.

도시에서든 자연에서든 많은 사람이 뛰어난 직관적 탐색 기술을 가지고 있다. 예를 들어 호주에서는 서늘하고 습한 환경이 필요한 이끼가 주로 나무의 남쪽 면에 자란다. 남반구인 호주에서는 태양의 궤도가 남쪽 면에 그늘을 드리우기 때문이다. 탐색에서 직관적으로 활용할 만한 정보다. 하지만 우리가 북반구의 숲에 뚝 떨어진다면 직관의 나침반이 완전히 다를 수 있다. 북반구에서는 이끼가 나무의 북쪽 면에 더 잘 자라기 때문이다.

두 반구 사이에는 그밖에도 수많은 미세한 자연환경의 차이가 존재하고, 이런 차이를 안다고 해도 직관이 즉각 업데이트되지 않으므로 자칫 직관에 의존하다가는 길을 잃을 수 있다. 환경적 단서의 변화는, 우리의 직관적 기술이 보편적이지 않고 지역에 따라 적응한 결과라는 사실을 일깨워준다.

__ 물속에서 공부하는 이유

1975년 스코틀랜드에서 위스키로 유명한 오반이라는 도시 인근에서, 두 잠수부가 물속으로 뛰어들 준비를 하고 있었다. 두 사람은, 이제는 유명해진 물속에서 학습하는 주제에 관한 실험의 참가자들이었다. 차가운 날씨에 어두운 수면 위로 바람이 거세게 불었다. 하늘에서 하얀 빛이 부서져 얇은 구름 사이로 뚫고 내려왔다. 두 잠수부는 잠수복과 잠수 장비를 착용하고 부두에 앉았다. 그들은 스쿠버 탱크와 마스크, 마스크와 마스크스 트랩 사이에 착용하는 특이한 모양의 헤드폰을 썼다. 귀를 덮는 형태가 아닌, 귀 바로 앞 얼굴 쪽에 닿는 골전도 헤드폰으로, 이 는 소리가 공기를 통해 고막으로 전달되는 게 아니라, 두개골을 통해 전달되는 방식이었다. 그래서 물속에 완전히 잠겨 있어도 소리를 들을 수 있었다.

두 잠수부는 허리에 무거운 추를 달고 있어서 입수하자마자 빠르게 바다의 바닥으로 가라앉았다. 두 사람은 모래 바닥에 편 하게 자리 잡고 앉은 뒤 연필이 달린 작은 화이트보드를 꺼냈다. 물 위에 있는 사람이 두 사람의 헤드폰을 통해 실험을 시작할 준비가 됐는지 묻자, 둘은 이미 물속에 있던 다른 잠수부에게 오케이 신호를 보냈다. 이윽고 사전 녹음된 음성이 재생되었다.

우선 특정 호흡 패턴으로 숨을 쉬면서 수중의 소음을 통제하 라는 지시가 들렸다. 물속에서 공기 조절기로 호흡하면 소음이 심한데, 이들이 테스트를 받을 단어를 들으려면 호흡과 호흡 사 이에 정적이 필요했기 때문이다. 그들은 적절한 호흡 패턴을 유 지한 후 서로 무관한 세 단어를 듣고 이어서 "숨을 쉬세요"라는 말이 나오면 천천히 숨을 들이마시고, 다음으로 단어 세 개를 듣고 다시 숨을 들이마시고, 이어서 단어 세 개를 더 들었다.

두 사람은 이후 물속이나 근처의 육지에서 다시 함께 테스트

더 좋은 결정을 위한 뇌과학

를 받았다. 이 실험에서 다른 잠수부 집단은 먼저 육지에서 단어를 학습한 후 나중에 다시 육지나 물속에서 테스트를 받았다. 실험 참가자는 모두 18명이었다.

이 연구를 통해 흥미로운 사실이 발견됐다. 물속에서 단어를 학습한 사람들은 육지에서 테스트를 받을 때보다 다시 물속에서 테스트를 받을 때 더 많은 단어를 기억했다. 반대로 육지에서 학습한 사람들은 육지에서 테스트를 받을 때 더 많은 단어를 기억했고, 바닷속에 앉아 테스트를 받을 때는 더 적은 단어를 기억했다. 즉, 중요한 것은 학습하는 장소였다. 같은 장소에서 학습하고 기억하면, 바다 밑바닥처럼 특이한 장소에서도 더 잘 기억할 수 있었던 것이다.

이러한 효과를 '맥락 의존 기억'이라고 한다. 무언가를 학습할 때의 맥락이 내용과 함께 저장돼, 다시 그 장소로 돌아갈 때 그 기억이 쉽게 떠오르는 것이다. 예를 들어, 시험장에서 시험을 볼 때 집에서 공부한 내용을 떠올리기 어려웠던 경험이 있을 것이다. 시험 직전에 벼락치기로 암기한 모든 중요한 내용은 방이나 사무실과 함께 기억된다. 그래서 다른 장소에서 그 지식을 불러오는 것이 조금 어려워지는 것이다.

공부하는 환경의 거의 모든 요소가 기억에 영향을 미칠 수 있다. 듣고 있던 음악이나 냄새, 입고 있던 옷, 방의 배치 따위가 영향을 미친다. 그래서 중요한 시험을 준비하는 사람에게 주는 조언 중에는 집에서 공부할 때 특정 오일이나 향수를 사용하라는 말이 있다. 시험을 보러 갈 때 같은 향을 사용하면 집과 비슷한 환경이 조성돼 암기한 내용이 잘 떠오른다는 것이다. 실제로 학습할 때 껌을 씹는 것만으로도 맥락 의존 기억이 형성된다는 강력한 증거가 있다. 다만 공부할 때와 시험을 볼 때 모두 껌을 씹거나, 아예 씹지 않아야 한다.

이런 이유에서 직관에도 환경, 곧 맥락이 중요하다. 한 장소에서 일어난 수백 시간의 학습이 다른 장소로 일반화되지 않을 수 있다. 맥락이 달라지면, 그 환경의 예측 신호와 그에 따른 긍정적 혹은 부정적 결과가 일치하지 않을 수도 있다는 말이다. 이것이 바로 직관의 작동 원리다. 설령 예측 신호가 계속 작동한다고 해도, 새로운 환경에서는 신호가 약해져 직관에 영향을 미칠 수 있다.

중요한 사실은, 무언가를 학습할 때 몸과 뇌의 상태도 환경에 포함된다는 점이다. 연구에 따르면, 맥락 의존 기억에는 상태 의존 기억도 포함된다. 무언가를 학습할 때의 신체적, 정신적 상태는 뇌에 정보를 저장하는 방식을 변화시키므로 같은 상태일 때 정보를 더 쉽게 기억할 수 있다는 말이다. 전날 밤 술에 취한 상태에서 둔 핸드폰이나 열쇠가 어디에 있는지 기억하려

더 좋은 결정을 위한 뇌과학

면 다시 술에 취해야 한다는 농담이, 과학적으로 어느 정도 근거가 있는 것이다. 어느 정도 취한 상태에서 학습한 내용을 다시 취한 상태일 때 더 잘 기억해 낼 수 있다. 다만 무엇을 학습했는지 그리고 얼마나 취했는지 정도에 따라 그 효과가 달라진다는 점을 명심해야 한다.

기분도 상태 의존 기억에 영향을 미친다. 피곤하거나 카페인을 많이 섭취했거나 슬프거나 통증이 있거나 그 외에 어떤 상태가 되었든, 다시 그 상태로 돌아갈 때 배운 내용을 더 잘 기억하고 활용할 수 있다. 내면의 상태가 달라지면 외부 환경이 달라진 것처럼 학습에 중요한 영향을 미치기 때문이다. 이러한 이유로 제트기 조종사인 제이슨 같은 사람들은 긴장이 없는 평온한 상황보다 오히려 갈등과 위험을 시연하는 스트레스 상황에서 훈련해야 한다. 그래야 상태 의존 기억을 극대화시킬 수 있어서다.

직관은 뇌가 어떤 단서와 그 단서가 예측하는 결과 사이의 모든 연관성을 무의식적으로 학습한 내용에 기반을 둔다. 그러므로 외적으로든 내면으로든, 익숙한 맥락에서만 직관에 의존해야 한다.

__ 불확실한 세계에서의 직관

많은 환경이 예측 가능하기 때문에, 우리와 우리의 직관이 배울 수 있는 것도 많다. 하지만 예측할 수 없는 환경, 말하자면 상황이 무작위로 발생하는 경우에는 뇌가 어떤 패턴도 학습할 수 없으므로 직관이 작동할 수 없다. 그렇다고 뇌가 시도하는 것을 막을 수는 없다.

예측 불가능한 환경의 좋은 사례는, 카지노다. 다음과 같은 상황을 상상해 보자. 당신은 룰렛 테이블로 몸을 기울여, 반짝거리는 마호가니 테두리에 손을 올린다. 조금 전에 당신은 검정에 베팅해 돈을 땄다. 당신은 딴 돈의 절반을 다시 검정에 건다. 룰렛이 돌아가고(공이 튀고 또 튀고) 승자는 다시 검정이다. 당신이 또 이긴다. 세상에나, 검정에 한 번 더, 당신은 다시 똑같이 베팅한다. 또 이긴다. 세 번 연속으로 검정에 걸어서 세 번 연속으로 이긴 것이다. 이제 고민이 시작된다. 한 번 더 가? 한 번 더 행운의 검정에 베팅해도 나쁠 건 없지 않을까? 당신은 칩을 내려놓으며 검정에 베팅한다. 놀랍게도 당신이 또 이긴다.

네 번 연속 검정이 이길 확률은 얼마나 될까? 이제는 진짜로 끝일 것이다. 연전연승이 분명 멈출 것이다. 그러면 어떻게 해야 할까? 머릿속에서 집요하게 들리는 목소리가 자꾸만 한 번

더 좋은 결정을 위한 뇌과학

더 가자고 들쑤신다. 그냥 가보자. 검정에 한 번 더 걸자. 당신이 숨죽여 기다리는 사이 룰렛의 공이 이리저리 튄다. 다시 검정이다. 당신은 크게 한숨을 내쉰다. 좋아, 다섯 번 연속 검정이다. 이런 황당한 추세가 더 이어질 리 없다. 그래서 테이블의 다른 모든 사람처럼 전략을 바꿔서 이번엔 빨강에 건다. 주변의 모든 사람들이 숨죽이며 지켜본다. 다시 검정이 나오고, 결국 당신은 패하고 만다.

여섯 번 연속 검정이다. 이젠 어떻게 해야 할까? 이런 황당한 흐름이 더 이어질 리 없다. 이건 분명 물리 법칙을 거스른다. 그래서 다시 한번 당신과 주변 사람들은 빨강에 건다. 그러나 이번에도 검정이다. 일곱 번 연속 검정이다. 테이블 주위로 탄식이 터지고 더 많은 사람이 몰려든다. 빨강에 쌓인 칩이 점점 더 늘어난다. 여덟 번째, 아홉 번째, 열 번째 연속으로 검정이다. 사람들은 웃고 울며, 눈앞의 광경을 믿지 못한다. 그리고 매번 다시 검정이 나올 때마다, 사람들은 다음번에는 반드시, 무조건 빨강이 나올 것이라고 확신한다.

열한 번, 열두 번, 열세 번, 열네 번 그리고 그렇다, 열다섯 번 연속으로 검정이고 빨강이 나올 기미는 보이지 않는다. 세계 기록일 것이다. 사람들이 웅성거린다. 룰렛 테이블이 고장 난 게 아닐까? 빨강에 건 베팅 금액이 점점 커진다. 사람들은 눈앞의 광경을 믿지 못한다. 열여섯 번, 열일곱 번, 열여덟 번, 열아홉 번, 스무 번 연속으로 검정이다. 이제는 모두가 반드시 빨강이 나올 차례라고 확신하고, 당신도 가진 칩을 모두 빨강에 건다. 하지만 또다시 검정이다. 당신은 전부 잃는다.

스물두 번, 스물세 번, 스물네 번. 당신은 칩을 다 잃어 더는 베팅할 수 없게 되었지만, 다른 사람들은 여전히 거액을 건다. 이제 빨강에 쌓인 칩이 수백만 달러에 달한다. 스물다섯, 스물여섯 번 연속으로 검정이 나오자, 사람들이 소리치고, 딜러는 웃으면서 어깨를 으쓱하고, 그의 상관은 굳건히 서서 이 광경을 지켜본다. 이런 상황은 한 번도 본 적이 없다. 수백만 달러가 계속 이 카지노의 수중으로 흘러 들어온다. 사람들이 새판이 돌아갈 때마다 빨강이 나올 거라고 확신해서다.

그러다 마침내 스물일곱 번째 룰렛이 돌면서 공이 튕기고 튕기다가 빨강으로 들어간다. 그러나 이미 많은 사람이 무일푼이 된 뒤다.

이는 1913년 8월 18일, 실제로 몬테카를로의 한 룰렛 테이블에서 벌어진 상황이다. 공이 무려 스물여섯 번 연속으로 검정으로 들어갔는데, 극히 드문 일이었다. 도박꾼들은 검정의 연속이 곧 끝날 거라는 잘못된 추론에 따라 검정에 반대하는 쪽에 베팅했다가 수백만 달러를 잃었다. 이런 현상을 '몬테카를로의 오

더 좋은 결정을 위한 뇌과학

류' 혹은 '도박사의 오류'라고 한다. 새판이 돌아갈 때마다 이전 판과 어떤 식으로든 연관되어 검정이 연속으로 나오면 이제 빨강이 나올 때가 되었다면서 확률이 균형을 맞출 거라고 잘못 믿어서 생긴 오류다.

중요한 사실은 예측 불가능한 무작위 환경에서는 직관처럼 느껴지는 감정을 믿어서는 안 된다는 것이다. 이런 환경에서 인간의 뇌는 어떤 변수가 어떤 결과를 예측하는지를 학습할 수 없기 때문이다. 문제는 환경이 예측 불가능하다는 사실을 알면서도, 여전히 예측 가능하다고 느낄 때가 많다는 데 있다.

이런 식의 잘못된 믿음은 미신과 비슷하다. 우리는 무작위성에서 어떻게든 패턴을 찾으려 한다. 다음번 룰렛을 돌릴 때는 이길 거라는 작은 느낌이 당신 안에서 자라난다. 앞의 몇 판 때문일 수도 있고, 당신이 손가락을 꼬았거나 다리를 풀었거나 혼자 속으로 작은 기도를 올려서일 수도 있다. 이처럼 모든 도박사의 오류는 오류일 뿐이다. 당신의 직관이 룰렛 테이블의 미묘한 흐름을 포착해 우주의 설계도에 연결한 것이 아니다. 직관은 무작위 사건이나 불확실한 시스템에서는 제대로 작동하지 않는다. 앞서 보았듯 아무 패턴도 없는 곳에서 어떤 패턴을 찾으려는 인지 편향을 '아포페니아'라고 하는데, 이런 편향을 멈추기란 매우 어렵다.

우사인 볼트는 지구, 그러니까 지구의 중력 속에서 뛰어난 달리기 실력을 보여줄 수 있으며, 달의 중력 속에서도 달리기를 배울 수 있었을 것이다. 하지만 중력의 세기가 매일 달라진다면 그에 맞춰 필요한 학습이 계속 달라지기 때문에, 빠르게 달리는 법을 배우지 못할 것이다. 직관도 이와 마찬가지다. 따라서 불안정하고 예측 불가능한 환경에서는 직관을 사용하는 데 신중해야 한다. 환경이 끊임없이 변하기 때문이다.

수많은 지표에서 전 세계가 점점 더 예측 불가능해지는 것으로 나타났다. 긍정적이고 흥미로운 기술 발전의 측면에서뿐 아니라, 극단적 재난에서, 이른바 블랙스완 사건과 팬데믹, 전쟁, 기후 사건에서도 이런 불확실성이 만연하다. 불확실성은 많은 사람에게 불편함을 주는데, 신경과학 실험에서 인간과 동물의 뇌가 불확실성을 두려움의 원천으로 인식하는 것으로 나타났다. 이를테면 절벽에서 아래를 내려다보거나, 위험한 뱀이나 거미를 보는 것과 조금 비슷하다. 불확실성은 말 그대로 두려움을 유발하는 자극이다. 사람마다 차이는 있겠지만, 우리 인간의 뇌는 불확실성 앞에서 두려움을 느낀다. 그렇다면 현대적 환경이 점점 더 예측 불가능해진다고 할 때, 이것이 직관을 사용하는 데는 어떤 의미일까?

여기서는 불확실성의 유형을 정의하고 각 유형이 직관과 어

더 좋은 결정을 위한 뇌과학

떤 관련이 있는지 고려하는 것이 중요하다. 비즈니스의 역학을 예로 들어보자. 새로운 기술은 자율 AI와 암호화폐 기반 거래에서부터 수명 연장과 생물학 발전에 이르기까지 기하급수적인 변화를 일으키고 있다. 우리는 마치 하키 스틱의 끝처럼 그래프가 가파르게 상승하는 구간을 목격하고 있다. 이는 주로 새로운 기술의 채택이 시간이 지나면서 급격히 증가할 때 나타나는 현상이다. 게다가 이런 급격한 변화의 곡선들이 거의 예측 불가능한 방식으로 상호작용하기 시작했다. 그렇다면 직관이 실패한다는 뜻일까?

아니다, 오히려 반대다. 한정된 데이터와 신속한 의사결정에 대한 요구로 인해, 비즈니스에서 직관은 그 어느 때보다 중요해졌다. 현대의 환경이 더 불확실해졌다고는 해도 무작위 상태는 아니다. 새로운 제품과 서비스를 개발해 본 사람이라면, 스티브 잡스처럼 새로운 제품이 얼마나 빠르게 성공하거나 실패할 수 있는지 경험했을 것이다. 당신의 뇌는 어떤 특성이 긍정적 또는 부정적 결과를 예측하는지 이미 학습했을 것이다. 직관 이면의 무의식적 연관성은 당신의 숙달도에서 나온 것이어야 한다. 따라서 세상에서 확실성이 줄어들더라도, 직관이 작동하지 않을 이유는 없다. 세상은 무작위적으로 변하는 것이 아니라, 단지 예측하기 어려워질 뿐이다.

그러나 우리에게는 전 지구적 팬데믹이나 대규모 건강 문제 혹은 기후 변화와 같은 상황에 대한 경험이 많지 않다. 우리 뇌도 이들 영역에서 직관을 발휘하기 위한 기저의 연관성을 충분히 학습하지 못했을 가능성이 크다. 따라서 익숙하지 않은 불확실성의 원천에 대해 적어도 처음에는 직관을 멀리해야 한다. 더 많은 기후 사건에 노출되면서, 폭풍우와 홍수, 폭염에 대응하기 위한 우리의 직관은 더 발달할 것이다. 그때까지는 과학적 데이터를 분석하고, 그 데이터를 기반으로 합리적이고 논리적으로 예측해야 한다.

__ 직관의 편향

학습에서의 맥락과 관련된 또 하나의 측면은 텔레비전이나 영화를 보고 책을 읽는 행위와 관련이 있다. 이런 식으로 콘텐츠를 소비한다고 해서 직접 사건을 겪으며 터득하는 방식만큼 강력한 학습이 일어나는 것은 아니지만, 이런 콘텐츠도 충분히 많은 시간을 들여 소비하면 어느 정도 학습이 일어나고, 이런 학습이 직관에 영향을 미칠 수 있다.

지난 몇 년간 우리가 이런 식으로 얼마나 많은 시간을 보냈

더 좋은 결정을 위한 뇌과학

는지 생각해 보라. 제임스 본드 영화 25편을 다 봤을 수도 있고, 마블 시네마틱 유니버스 전체를, 그것도 여러 번 봤을 수도 있다. 〈반지의 제왕 *The Lord of the Rings*〉 시리즈를 본 사람도 있을 것이다. 이런 콘텐츠에 미묘하거나, 어쩌면 그리 미묘하지 않은 편향이 담겨 있었는가? 가령 성별 편향이나 인종 편향이 담겨 있었는가?

당신이 본 콘텐츠가 허구라고 해도, 그 안에 담긴 편향은 당신에게 미묘하게 영향을 미칠 수 있다. 편향된 콘텐츠를 충분히 많이 소비하면, 그것이 당신의 직관을 이루는 연관성에 영향을 줄 것이다.

AI의 성별과 정치 편향에 대한 비판이 좋은 예다. AI도 인간처럼 먼저 학습해야 지식을 활용할 수 있다. AI는 대량의 데이터를 분석하고 스스로 학습하는데, 이는 '비지도 학습unsupervised learning'이라는 과정이다. 그런데 AI가 학습하는 데이터가 편향돼 있다면, 그 편향이 AI에도 그대로 반영된다. 한 가지 사례로, 여러 채용업체와 기업들이 AI를 훈련시켜 직무에서 성공할 가능성이 큰 지원자를 더 잘 선별하려고 시도했다. 이런 훈련에는 성격과 인지 검사, 갖가지 풍부한 지표가 포함되게 마련이다. 그런데 AI를 지원자 선별에 적용해 보니, 주로 남성이 선발되는 경향이 뚜렷했다. AI가 학습한 데이터에는 고위직에 여성보다 남성의 비율이 높았기 때문이었다. 챗GPT 초기 버전도 인터넷에서 수집된 데이터를 기반으로 훈련됐기 때문에, 인터넷의 편향을 그대로 물려받았다.

직관도 마찬가지다. 당신이 현실에서든 허구에서든 편향된 데이터로 직관을 키우려 한다면, 당신의 직관에 편향이 그대로 담길 것이다. 인종이나 성별, 연령에 대한 숨은 편향은 직관의 어두운 측면이 될 수 있다. 남성과 고령자가 많은 근무 환경에서 직관을 훈련했다면, 그런 편향을 재현하는 것이 놀랄 일도 아니다.

오늘날과 같이 합성 미디어*가 급속히 확산하는 추세에서는, 의도했든 의도하지 않았든 분명 온갖 유형의 편향이 수반될 것이다.

그래서 SMILE 원칙의 E가 의미하는, 즉 '환경environment'에서는 직관이 학습하는 편향을 인식해야 한다. 편향된 환경에서 훈련된 직관은 그 편향을 영속시키고, 최선의 결정을 내리는 데 도움이 되지 않을 것이다. 해당 직책에 맞지 않는 사람을 채용하거나 누군가의 능력을 과소평가하거나 과대평가할 수도 있다.

● AI가 생성한 콘텐츠를 비롯해 이미지나 오디오, 비디오, 텍스트처럼 디지털로 생성하거나 조작된 멀티미디어 콘텐츠

더 좋은 결정을 위한 뇌과학

또 누구와 시간을 보내기로 선택하는지도 우리의 직관에 영향을 미친다. 특정 편향을 가진 사람들과 많은 시간을 보낸다면, 자연스럽게 당신의 직관도 그 편향을 받아들여 비슷하게 편향될 가능성이 크다.

3부

직관 연습

●

직관 연습을 시작할 때는 갑자기 수심이 깊은 곳으로 뛰어들지 말아
야 한다. 인생을 바꾸는 거창한 결정부터 시작하지 말라는 뜻이다.
물론 이럴 때 직관적 느낌을 피하기 어려운 것도 사실이다. 하지만
직관을 기르고 진행 상황을 추적하는 연습을 일상에서 천천히, 안전
하게 시작해야 한다.

__ 일상에서의 연습

나는 매일 하루에도 여러 번 직관을 발휘한다. 이를 인정하는 것이 부끄럽지 않은 것은 직관에는 비과학적이거나 신비로운 요소가 전혀 없기 때문이다. 누군가는 모순이라고 생각할지 모르지만, 사실 나는 과학자로서 연구를 할 때도 직관을 사용한다. 흔히 과학은 합리적이고 규칙을 따르는 분야이므로 직관을 사용하는 것이 불가능할 것으로 생각한다. 그러나 이는 잘못된 생각이다. 지금까지 살펴본 것처럼, 직관은 무의식적 정보를 활용해 더 나은 결정과 행동을 할 수 있게 해준다. 이런 무의식적 정보가 정말로 유용하다면, 더 많은 정보를 얻고 싶지 않을 사람이 있을까? 이는 단순히 이점일 뿐이다.

나는 새로 발표된 학술 논문을 읽거나 학생들의 논문을 심사할 때도 직관을 많이 사용한다. 논문을 읽다가, 실험에서 잘못된 부분이 있거나 일관성이 없어 보이거나 무언가 이상하다는 찜찜한 느낌이 몸으로 전해질 때가 있다. 그럴 때는 잠시 멈춰서 그 느낌을 기록한 후 이어서 읽는다. 내 직관은 수년간 읽은 수많은 논문을 바탕으로 좋은 과학과 나쁜 과학, 부실한 정의, 혼란스럽거나 문제 있는 실험을 감지하는 신호를 포착한다. 텍스트에는 수많은 단서가 숨어 있고, 나의 뇌는 그 모든 단서를 처리한다. 그렇다고 그 단서들을 논리적으로 하나하나 따져보거나 정확히 무엇인지 알아내려고 애쓰지는 않는다. 그저 그 느낌을 알아채고, 계속 읽으면서 내 직관이 얼마나 예측력이 있는지 확인한다. 단, 수학적 모형이나 통계, 확률의 영역에는 직관을 사용하지 않는다.

나는 연구에서도 직관을 사용한다. 심리학과 신경과학 분야에서는 새로운 실험을 설계할 때 선택지가 거의 무한하다. 그렇다면 연구실의 시간과 에너지를 어디에 투입할지를 어떻게 정하겠는가? 바로 직관에 답이 있다. 직관을 사용한다고 해서 의식적이고 합리적인 논리가 배제되는 것은 아니다. 양쪽이 함께 작동할 수 있다. 나는 또한 연구를 누구와 함께 진행할지를 결정할 때도 직관을 사용하고, 이 책을 쓰기로 마음먹었을 때도

더 좋은 결정을 위한 뇌과학

직관을 사용했다.

그런데 사실 나는 직관을 피할 때도 많다. SMILE 원칙이 충족되지 않으면 직관의 느낌을 적극적으로 무시하려고 한다. 특히 감정이 격해지거나 스트레스가 심하거나 불안할 때는 직관적 감정을 모두 제쳐두고, 어떤 결정의 논리적 장단점을 따져본다. 때로는 이렇게 하는 것이 상당히 어렵다. 조종사의 용어를 빌리자면, 마치 계기비행(항공기의 조종사가 기상 상태 등의 이유로 외부 지형지물을 육안으로 확인할 수 없을 때 항공기 내부의 계기만 참조해 비행하는 방식. 반의어는 시계비행이다-편집자)을 하는 것과 같다. 감정이 격해지면 불안해지고 마음속에서 '정말로 이게 맞는 걸까?' 하는 목소리가 들린다. 두려움이 일어나 불안과 뒤섞이며 '하지 마, 그 선택은 무언가 잘못된 것 같아' 하는 느낌이 올라온다. 이럴 때는 과학에 기대야 한다. 숫자를 믿어야지 우리의 편향되거나 불안한 감정을 믿어서는 안 된다. 이러한 감정은 직관이 아니기 때문이다.

나는 또한 일에서든 사생활에서든 확률을 다룰 때는 직관을 사용하지 않으려고 노력한다. 사실 SMILE에서 가장 지키기 어려운 원칙은 E, 즉 환경이다. 우리는 새로운 환경이나 달라진 환경에서는 직관을 사용해서는 안 된다는 원칙을 잊어 버리기 쉽다. 그래서 나는 특히 여행할 때는 사회적, 지리적 조건이나 날씨에 대한 느낌을 무턱대고 따르지 않으려 한다. 자동으로 직관을 사용하는 습관을 깨뜨리는 것은 어려우므로, 이럴 때일수록 직관의 다섯 가지 원칙을 지키는 것이 중요하다.

직관 연습을 시작할 때는 갑자기 수심이 깊은 곳으로 뛰어들지 말아야 한다. 인생을 바꾸는 거창한 결정부터 시작하지 말라는 뜻이다. 물론 이럴 때 직관적 느낌을 피하기 어려운 것도 사실이다. 하지만 직관을 기르고 진행 상황을 추적하는 연습을 일상에서 천천히, 안전하게 시작해야 한다.

그러면 일상에서 무언가를 선택하고 결정할 때, SMILE 원칙을 어떻게 적용할 수 있을까? 예를 들어 알아보자.

당신은 전에도 와본 적 있는 아늑한 서점에 들어선다. 새 책의 종이와 잉크 냄새가 진동하며, 당신에게 모험과 지혜의 이야기를 속삭인다. 오늘은 새로 읽을 책을 사러 왔지만, 특정 책이나 분야나 주제를 정하지는 않았다.

서가 사이를 걷는 동안 정서적인 안정감이 든다. 최근의 경험과 노력으로 과도하게 흥분하지도 걱정에 사로잡히지도 않은 평정심이다. 직관의 첫 번째 규칙인 '자기 인식'이 떠오른다. 이 조건이 충족됐으니 계속 걷기로 한다.

지금까지 당신은 수백, 수천 권의 책을 읽은 터라 책을 고를 때 예리한 감각을 발휘할 수 있다. 책의 다양한 표지들이 책을 진정 사랑하는 독자들만 아는 언어로 당신에게 말을 건다. 여기에서 두 번째 규칙인 '숙달도'가 나온다. 직관은 당신이 지식과 경험을 쌓아온 분야에서 가장 빛을 발한다.

현대 분야의 서가에는 소셜미디어 플랫폼과 연계된 책들이 꽂혀 있다. 책을 구입하면 토론과 실시간 리뷰로 활기찬 온라인 커뮤니티에 대한 독점적 접근권이 따라온다. 활발한 커뮤니티의 구성원이 될 수 있다는 매력에 끌리기는 하지만, SMILE의 세 번째 규칙이 떠오른다. 소셜미디어처럼 중독적인 매력을 지닌 영역에서는 직관을 믿는 데 주의해야 한다는 규칙이다. 그래서 당신은 그 서가를 지나치기도 한다.

좀 더 돌아다니다 보니, 새 멤버십 프로그램을 홍보하는 포스터가 눈에 들어온다. '가입하면 다음번 구매 시 90% 할인을 받을 확률이 30%이고, 25% 할인을 받을 확률이 50%입니다(요지를 전하기 위해 내용을 조금 과장했다).' 구미가 당기는 제안이기는 하지만 네 번째 규칙이 떠오른다. 확률에 기반한 결정을 내릴 때는 직관이 최적의 도구가 아니다. 그래서 당신은 이곳 역시 지나친다.

이 서점의 분위기는 예전에 자주 다니던 도서관과 독서 공간을 떠올리게 한다. 그 때문인지 더욱 안도감이 든다. 사각사각 책장을 넘기는 소리, 소곤소곤 좋아하는 작가에 대해 사람들이 대화하는 소리, 이런 낯익은 환경에서 당신은 서점이 집처럼 편하게 느껴진다. 이때 다섯 번째 규칙이 선명히 떠오른다. 직관은 익숙한 환경에서 가장 신뢰할 수 있다는 규칙이다. 당신은 서점과 도서관에 익숙하다.

당신은 이상의 다섯 가지 규칙을 따르면서 미묘하고도 눈길이 가는 표지의 책에 끌린다. 책에 관한 소개 글이 마음에 와닿고, 무언가가 자꾸만 그 책을 사서 읽으라고 떠미는 듯하다. 그렇게 당신은 잠재적 보물을 집어 들고 계산대로 가서 책에 빠져들 준비를 한다.

어떤가? 일상적인 예를 하나 더 들어보자. 어느새 휴가를 계획할 시기가 되었다. 당신은 자연과 다시 연결되고 싶다. 몇 차례 검색을 하다 보니 디지털 화면과 브라우저에 수많은 선택지가 뜬다. 평온한 호숫가 오두막과 장엄한 산길, 햇빛이 쏟아지는 해변이 보인다. 선택지가 너무 많아서 조금 버겁긴 하지만, 오늘은 직관에 기대기로 한다.

당신은 여행 후보지들을 하나하나 살펴보면서 잠시 생각에 잠겨 이전 휴가의 고요한 순간들을 떠올린다. 그러자 한 주 업무에 대한 압박감이 서서히 풀리고, 지금 순간에 빠져들게 된다. 첫 번째 규칙인 자기 인식을 통해 감정 상태를 들여다본다. 평온하고 균형 잡힌 느낌이 든다. 당신은 이런 정서적 안정감을

더 좋은 결정을 위한 뇌과학

기반으로 내면의 나침반을 신뢰해 보기로 한다.

당신은 오랜 세월 여행을 다녀봤다. 짧은 자동차 여행이든 장기 해외여행이든 온갖 여행 경험을 통해 노련한 여행자로서의 통찰을 얻었다. 웹사이트와 여행사, 친구들의 조언을 통해 예약도 여러 번 해봤다. 검색하고 선택하고 선호하는 여행 유형을 예상하면서 풍부한 전문성도 쌓았다. 여기서 두 번째 규칙인 숙달도가 빛을 발한다. 다년간의 경험으로 여행 예약에 대한 숙달도가 높아진 것이다.

그런데 휴가 계획을 마무리하려는 순간, 불편한 걱정거리가 당신을 붙잡는다. '정말로 이번에 휴가를 보낼 여유가 있을까?'라는 생각이 고개를 든다. 지금 하는 일의 불확실성, AI가 드리우는 불길한 그림자, 변화하는 고용 시장의 역학으로 인해 당신은 불확실성에 사로잡힌다. 그러다 세 번째 규칙이 떠올라 중심을 잡아준다. 내면의 모든 감각이 직관은 아니라는 점이다. 두려운 반응은 수천 년에 걸친 진화의 압력에서 인간에게 각인된 것으로, 불확실성에 대한 본능적 반응일 뿐이다. 미지의 대상은 온통 잠재적 위협이 도사리던 원시 시대의 잔재에 불과하다. 현대의 맥락에서는 부적응적 반응이라고 생각하니, 불길한 걱정이 사라진다.

당신이 숲속 휴양지를 휴가지로 거의 결정하려는 순간, 다이

빙 휴가 광고가 눈길을 끈다. 화려한 산호초와 깊은 바닷속 신비가 손짓한다. 하지만 물속에 잠긴 자신의 모습을 상상하는 순간, 갑자기 날카로운 이빨을 드러낸 상어가 떠오른다. 영화나 과장된 뉴스 속 장면들이 머릿속을 스친다. 그러다 네 번째 확률에 관한 규칙이 떠오른다. 우리의 뇌가 확률을 자주 잘못 이해하고 있다는 사실이다. 따라서 결정은 실제 확률에 근거해 내려야 한다. 당신은 머리를 살짝 흔들며 상어의 공격이 극히 드문 일이라는 사실을 상기하면서 두려움을 내려놓는다.

당신은 여러 번 여행 관련 예약을 해봤고 여행에 대한 경험도 풍부하다. 하지만 대부분은 출장과 관련되어 있었다. 이제 직관적 결정을 위한 마지막 규칙, 곧 환경 또는 맥락을 떠올린다. 이번 여행은 사적인 휴가이므로, 출장에서 쌓은 여행에 관한 직관이 개인적 휴가 계획에는 그대로 적용되지 않을 수 있다는 걸 인식한다. 그래서 당신은 직관에 의존하기보다 각 선택지를 논리적이고 합리적으로 신중히 검토한 후 결정하기로 한다.

지금까지 일상에서 직관을 활용하는 연습의 사례를 살펴보았다. 나의 웹사이트(www.profjoelpearson.com)에는 다음 페이지에 있는 도표의 디지털 버전이 있다. 이 도표를 인쇄해 당신이 자주 볼 수 있는 곳, 가령 냉장고나 컴퓨터에 붙여 두거나 휴대폰에 디지털 버전을 저장해 두기를 권한다.

더 좋은 결정을 위한 뇌과학

SMILE

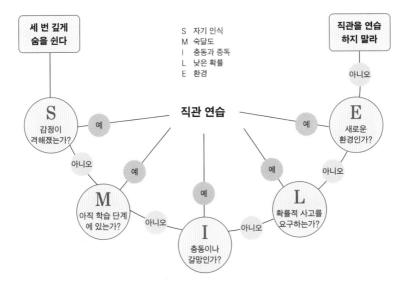

S 자기 인식
M 숙달도
I 충동과 중독
L 낮은 확률
E 환경

세 번 깊게
숨을 쉰다

직관을 연습
하지 말라

직관 연습

S
감정이
격해졌는가?

예

예

아니오

M
아직 학습 단계
에 있는가?

예

아니오

I
충동이나
갈망인가?

아니오

예

L
확률적 사고를
요구하는가?

예

아니오

E
새로운
환경인가?

아니오

이 도표를 사용하려면, 우선 세 번 심호흡을 한 후 왼쪽에서 부터 곡선의 SMILE을 따라 오른쪽으로 이동하면 된다. 일종의 체크리스트로 생각하라. 진행 중에 어느 지점에서 '예'라는 답이 나오면, 잠시 멈추어 직관을 사용하는 것을 보류하라. 그러다 상황이 달라지면 다시 도표로 돌아오면 된다.

SMILE 도표를 가까이에 두고, 처음에는 직관을 사용할 때마다 SMILE의 각 단계를 점검하자는 것이다. 시간이 조금 지나면 체크리스트가 자연스럽게 기억에 저장돼 이 도표를 자주 참조할 필요가 없어질 것이다. 그때는 머릿속으로 각 단계를 점검할 수 있게 된다. 그렇게 되면 각 단계를 하나씩 확인하지 않고도 모든 과정이 자동으로 진행될 것이다. SMILE 원칙이 충족됐는지 자동으로 알아챌 수 있다.

헬스장에서 운동을 시작한 경우에 비유해 보자. 처음에는 누군가가 옆에서 기구와 무게를 사용하는 방법, 가령 몇 번 반복하고 몇 세트를 해야 하는지, 언제 해야 하는지를 알려준다. 처음 몇 주 동안은 인쇄된 계획서나 앱을 따라가며 각 세트를 하나씩 확인하며 운동한다. 그러다 시간이 지나면 순서를 기억하므로 더는 계획서를 볼 필요가 없어진다. 무게를 얼마큼 들었는지, 몇 번 반복했는지, 운동을 어떻게 해야 하는지 기억하는 것이다. 이 같은 진행 과정은 SMILE 원칙을 익히고 직관을 안전하게 사용하는 법을 터득하는 데도 적용된다.

최적의 직관 연습을 위해, 직관을 사용한 과정을 기록하는 것을 추천한다. 직관을 어디에 사용했는지, 어떤 느낌이 들었는지, 성공했는지 실패했는지 등을 적어보라. 흔히 인간의 기억이 하루 동안 일어난 일을 비디오처럼 정확히 기록한다고 생각하지만, 실제로 우리의 기억은 그런 식으로 작동하지 않는다. 우리의 기억은 여러 면에서 편향돼 있다. 기본적으로 우리 뇌는 저장된 정보 중 일부를 가지고 사건의 새로운 버전을 재구성한

더 좋은 결정을 위한 뇌과학

다. 우리는 주로 감정적으로 강렬한 순간과 처음이나 마지막 부분만 기억하는 경향이 있다. 또 기억을 반복해서 많이 떠올릴수록 정확도가 떨어진다. 기억을 되새길 때마다 자기도 모르는 새 조금씩 수정하기 때문이다.

요점은, 직관이 어떻게 작동하는지 정확히 기록하고 싶다면 실제로 기록을 남기는 것이 중요하다는 것이다. 오로지 기억에만 의존해선 안 된다. "우리가 측정하는 것이 개선된다"라는 옛말이 여기에도 통한다.

직관 일지를 쓰거나 직관을 추적하는 앱을 활용하는 것도 좋은 방법이다. 다음 페이지에는 직관 과정에서 중요한 부분을 추적하기 위한 간단한 표가 있다. 이 표는 여덟 개의 개별 단계로 이뤄진다. 예시로, 어느 카페에 갈지 결정하는 과정을 살펴보자.

결정	감각의 위치	감각의 강도 (1~10)	선택	결과	결과의 강도 (1~10)	성공	맥락
A 카페 혹은 B 카페	배와 가슴	6	B 카페	즐거움, 행복함, 놀라움	8	예	집에서 평온한 마음으로 B 카페를 선택함

- **결정**: 어떤 결정을 내려야 하는 것인지, 선택지가 무엇인지 적는다. 이 사례에서는 A 카페에 갈지, B 카페에 갈지를 선택하는 문제다. 이처럼 선택지가 두 개뿐일 수도 있고 여러 개일 수도 있다. 당신이 아는 선택지나 마음에 떠오르는 선택지를 적는다.
- **감각의 위치**: 우리의 몸에서 직관이 느껴지는 부위를 적는다. 예시에는 배와 가슴만 있지만, 손끝이나 뒤통수가 따끔거릴 수도 있다. 직감이 어느 한 부위만이 아니라, 몸 여러 부위에서 다양하게 느껴질 수도 있다. 특정 부위를 명확히 집어내기 어렵다면, 부위가 모호하다거나 몸의 어느 부위에서도 느껴지지 않는다고 적는다.
- **감각의 강도**: 그 감각이 얼마나 강하게 느껴지는지 1에서 10까지 중 점수를 매긴다. 1은 매우 약하고 미미해서 겨우 알아챌 정도를 의미하고, 10은 에베레스트산에서 존이 경험한 것처럼 뱃속의 가라앉는 듯한 강렬한 느낌을 의미한다. 혹은 구역질이나 가벼운 불편감, 또는 무언가가 잘못된 듯한 강한 느낌일 수 있다.
- **선택**: 당신이 내린 선택을 적는다. 이 예시에서는 B 카페다. 여기서는 설명이 많이 필요하지 않고, 당신이 최종적으로 내린 선택이나 행동만 간단히 적으면 된다.

더 좋은 결정을 위한 뇌과학

- **결과**: 당신의 선택을 어떻게 생각하는지 적는다. 선택에 만족했는가? 결과가 좋았는가, 나빴는가? 결과에 놀랐는가? 직관 이면의 학습을 이끄는 감정을 적는 중요한 칸이다. 숙달도에 도달했는지를 평가하는 방법 중 하나는 놀라움이 점점 줄어드는 것이다. 이 칸을 통해 결과에 놀랐는지 여부를 추적할 수 있다.

- **결과의 강도**: 결과에 대해 느끼는 감정의 강도를 적는다. 당신의 선택에 얼마나 만족했는가, 혹은 만족하지 못했는가? 얼마나 놀랐는가? 이 칸의 점수는 앞서 적은 결과와 관련된다. 결과 칸에 행복과 놀라움을 적었다면 이 칸에서는 각각을 따로 평가한다.

- **성공**: 직관의 전반적인 수행에 관해 평가한다. 직관이 올바른 방향으로 이끌었는가? 다시 말해, 직관이 성공적이었는가? 이에 대해 '예' 혹은 '아니오'로 답한다. 시간이 지나면서 이 칸에 '예'를 더 많이 적는 것이 목표다.

- **맥락**: 어디에서 직관을 사용했는지 적는다. 직관 이면의 학습은 물리적 환경과 신체 내부의 환경 두 가지 모두에서 맥락에 따라 달라진다는 사실을 기억해야 한다. 이 칸에는 당신의 특정 상황이나 전반적인 상태를 적으면 유용하다. 예를 들어, 카페인을 많이 섭취했는지, 혹은 술을 마셨는지

같은 정보를 적을 수도 있다.

직관 연습을 시작할 때 피드백 루프에 유념해야 한다. SMILE 의 두 번째 규칙인 숙달도를 다룬 장에서 보았듯이, 직관 학습에서 타이밍은 매우 중요한 요소다. 일상에서의 연습에도 마찬가지다. 집을 장만하거나 장기 투자를 하는 경우처럼 피드백이 오기까지 시간이 소요되는 결정을 선택한다면, 그 결정이 성공적인지 알기까지 오랜 시간이 걸린다. 그래서 성공 여부를 추적하기 어려울 수 있다. 따라서 처음에는 피드백 루프가 짧아 피드백이 즉각 오는 결정을 통해 직관을 연습하는 것이 효과적이다. 그러면 주어진 기간 안에 더 많은 결정을 내리고, 전체 과정을 더 자주 반복하면서, 학습할 기회가 늘어난다. 당신이 잘하는 스포츠를 하면서 직관을 연습하는 것도 좋은 방법이다. 경기중 매번 직관을 기록할 시간이 없을 수 있지만, 직관을 연습할기회는 많을 수 있다.

나는 종종 숲에서 달리기를 하는데, SMILE 원칙이 충족되는 날에는 직관을 연습한다. 바위에 발을 디딜 때마다 직관적 느낌에 집중하고, 내 직관이 안정적 자리나 미끄러져 무릎이 깨질위험이 있는 자리를 얼마나 잘 예측하는지에 주목한다. 그러나감정적이거나 낯선 환경에서 달리는 날에 직관에 따라 발을 디

더 좋은 결정을 위한 뇌과학

였다가는 미끄러지기 쉽다. 중요한 것은 무의식적 정보나 감정을 직관의 긍정적 결과와 연결하면서 이와 같은 연결을 차곡차곡 쌓아가는 것이다.

__ 직관에 적합한 시기

이 책은 직관이 무엇인지 알려주면서 언제 직관을 안전하게 사용할 수 있는지에 관해 다루지만, 일상적 상황에서 직관을 사용하는 데 더 적합한 경우가 있다. 이에 절대적 규칙은 없지만, 일반적 경향은 있다.

SMILE의 다섯 가지 원칙이 모두 충족됐다면, 시간과 정보가 제한된 상황이야말로 직관을 사용할 수 있는 최적의 순간 중 하나다. 시간이 부족하고 자료가 많지 않아서 여러 선택지에 관해 의식적으로 분석할 수 없기 때문이다. 어떤 일을 서둘러 처리해야 할 때나 경기 중 누군가가 공을 패스해 줄 때는 가능한 모든 선택지를 이성적으로 분석할 겨를이 없다. 이럴 때는 직관에 의존해 신속히 행동해야 한다. 다음에 어디로 달려갈지, 누구한테 공을 패스할지 느낌으로 알아야 한다.

여기서는 '시간 압박'이 중요한 요소다. 신속히 결정해야 하는 순간에는 의식적이고 논리적인 전략보다 직관이 더 효과적일 수 있다. 반면, 자료를 충분히 분석하고 장단점을 따져보며 전략을 고민할 수 있는 시간이 충분하다면 직관에 크게 의존할 필요가 없다.

의사결정에 영향을 미치는 또 하나의 차원은 정보의 양이나 유형이다. 정보가 제한적이거나 모호하다면, 직관을 사용하는 것이 좋을 수 있다. '직관 측정하기' 장에서 보았듯이 내 연구실의 감정 유발 실험에서 얻은 자료에 따르면, 의식 차원의 정보가 모호할 때 직관이 결정의 정확도를 높여준다는 흥미로운 결과가 나왔다.

이 결과는 우리가 살아가고 있는 요즘과 같은 불확실한 환경에서, 의사결정에 관한 흥미로운 관점을 제시한다. 비즈니스 관계자들은 적은 정보를 기반으로 신속히 결정해야 하는 현실적 어려움을 호소한다. 이는 적어도 이론적으로 볼 때 그 어느 때보다 의사결정에서 직관이 적합할 수 있다는 뜻이다. 다시 말해 현대의 업무 환경은 점점 더 직관을 요구하는데, 이는 빠르게 변화하는 비즈니스 환경 때문이다.

예술적이거나 창의적인 결정에서도 직관이 더 적합하다. 예를 들어, 미술관에서 색깔과 감정, 표현이 분출하는 작품을 감상한다고 상상해 보자. 이때는 작품의 질을 평가해야 하는데 이

더 좋은 결정을 위한 뇌과학

는 예술적이거나 창의적인 결정이다. 전체적인 판단이기 때문에 구성 요소나 세부 결정의 체크리스트로 나눌 수 없다. 색깔과 붓놀림, 원근법, 이전 작품과의 연관성을 세부적으로 평가할 수 있는 바람직하고 유용한 방법이란 없다. 당신이 직접 느껴야 한다. 한 번에 모든 것을 받아들이고 작품 전체에 대해 판단을 해야 한다. 이런 유형의 결정은 분해할 수도 없고 부분으로 나눌 수도 없다. 직관에 의지해야 하는 또 하나의 좋은 사례다.

마찬가지로 빠르게 돌아가는 환경, 가령 기업의 이사회실을 생각해 보라. 여기서는 복잡하고 다차원적이며 상호의존적인 문제 해결에 직면하게 되는데, 문제가 서로 얽히기도 하고 무수한 변수가 나타나기도 한다. 이러한 문제에 대한 결정도 분해할 수 없다. 소프트웨어 프로그램을 코딩하거나 가구를 조립할 때처럼 각 단계를 깔끔하게 나누어 실행하는 방식으로는 결정할 수 없다. 이사회실에서 벌어지는 상황들은 실시간으로 다차원의 체스를 두는 것과 같다. 여기서는 직관이 최선의 선택이다. 직관을 통해 혼란 속에서 명료성을 찾고 모호한 정보 속에서 방향성을 찾을 수 있다. 물론 SMILE의 모든 규칙이 우선으로 충족되었다면 말이다.

마지막으로 위기 상황을 상상해 보자. 집에 불이 났거나 회사가 파산 직전이거나 긴장감이 흐르는 정치적 대치 상황을 떠올려보라. 이런 긴급한 상황에서는 스포츠 경기에서처럼 시간과 자료는 사치다. 프로젝트 타임라인을 계획하거나 예산을 짜는 일처럼 따로 나눠서 작업할 시간이 없다. 따라서 이런 상황도 직관을 사용하기에 적합하다.

요약하자면, 직관을 개발하면 복잡하고 전체적인 결정을 내려야 할 때 유용하다. 이런 유형의 결정은 작은 하위 작업으로 손쉽게 나눌 수 없다. 나아가 직관은 모호하거나 불확실하거나 완전한 정보가 부족한 상황 그리고 논리적이거나 분석적인 사고로 명확한 해결책을 찾기 어려울 때도 유용하다. 이 같은 상황에서 시간까지 제한적이라면 직관이 더 중요해질 수 있다.

결혼을 하거나 집을 사거나 이혼하는 일처럼 인생에서 중대한 결정을 내려야 할 때는 어떨까? 이때도 직관을 사용해야 할까? 보고에 따르면, 사람들은 흔히 중대한 결정을 내릴 때 논리적이고 의식적인 정보가 넘쳐나는 상황인데도, 직관적 감정에 의존하게 된다고 한다.

언제든 되돌릴 수 있는 결정을 위한 흥미로운 전략이 있다. 먼저 구속력이 없는 결정을 내린 후에 그 결정에 대한 자신의 감정이 어떤지 점검하는 것이다. 말하자면, 직관에 따라 결정하는 과정의 일반적인 순서를 뒤집는 것이다. 가령 무언가를 결정한 후 뱃속에서 불편한 감정이 드는지, 기분이 조금 이상한지 스스로 느껴 보는 것이다. 반면 되돌릴 수 없는 결정이라면, 그 결정을 이미 내린 것처럼 상상하거나 행동해 보면서 직관적 반응이 어떻게 나타나는지 확인해 보라.

여기서 다시 한번 강조해야 할 몇 가지 중요한 사항이 있다. 첫째, SMILE의 모든 규칙이 충족되는지 확인해야 한다. 둘째, 직관을 처음 사용하거나 자신의 직관에 확신이 없다면, 인생의 크고 중대한 결정으로 시작하지 말라. 사소한 결정부터 시작해서(차를 마실지 커피를 마실지, 이 카페에 갈지 저 카페에 갈지), 중대한 결정으로 넘어가면 된다. 많은 사람이 큰 결정을 내리는 동안 직감을 참고한다고 말한다. 이것이 직관에만 의존해 결정한다는 의미는 아니지만, 중요한 결정을 내릴 때는 직관적 느낌이 강렬하고 무시하기 어려울 수 있다.

무엇보다도 SMILE의 S, 곧 자기 인식을 세심히 살펴야 하는데, 중요한 결정을 내릴 때 감정적이거나 스트레스가 심하거나 불안한 상태이면 안 되기 때문이다. 인생을 바꾸는 중대한 결정에서는 그만큼 위험 부담도 크기 때문에 불안감이 침투할 수 있다. 감정이 격해졌을 때는, 잠시 시간을 두고 마음을 가라앉힌다면 다시 직관에 귀 기울이는 데 도움이 될 것이다.

중대한 결정을 내릴 때 쓸 수 있는 유용한 방법은, 자료에 대한 이성적이고 논리적인 분석을 직관과 결합하는 것이다. 두 접근법을 사용해 얻은 결과를 비교하고 결과가 서로 일치하는지 아닌지 확인해 보라. 결과가 서로 반대인가? 논리적이고 의식적인 결론에 대해 직관적인 느낌이 드는가? 어떤 느낌인가? 그래서 논리적 분석을 다시 평가하게 되는가?

__ 직관을 더 많이 사용하는 사람들

귀로 음악을 듣고 연주하는 음악가나 반코트 슛을 쉽게 성공시키는 운동선수처럼, 어떤 사람은 직관적 능력을 타고난 것처럼 보인다. 이들처럼 인생의 많은 도전을 직관으로 헤쳐나가는 사람이 있는 반면, 그렇지 못한 사람도 많다. 우리 연구실의 직관 실험 결과에 따르면, 어떤 사람들은 무의식적이고 감정적인 이미지를 활용해 의식적으로 더 나은 의사결정을 내렸지만, 어떤 사람들은 무의식적 정보에서 아무런 도움도 받지 못했다.

왜 그럴까? 왜 누군가는 직관을 쉽게 사용하는 반면, 다른 누군가는 그렇지 못할까? 아쉽게도, 이는 우리가 아직 답을 알아내지 못한 또 하나의 질문이다. 다만 그에 대한 답은 사람마다 신체 내부의 감각, 곧 내부수용감각에 대한 민감도가 다르다는 사실과 연관될 수 있다. 어떤 사람은 다른 사람보다 내부수용감

더 좋은 결정을 위한 뇌과학

각이 훨씬 민감하다. 혹은 다른 사람보다 학습 속도가 빨라서일 수도 있다. 따라서 감정적 신호에 얼마나 민감한지, 정보를 얼마나 잘 처리하는지도 영향을 미칠 수 있다.

하지만 당장 직관을 잘 사용하지 못하거나 사용할 수 없는 것 같다고 해서 직관을 학습할 수 없는 것은 아니다. 우리 연구팀의 감정 유발 실험에 따르면, 직관도 여느 기술들처럼 연습을 통해 배우고 발전시킬 수 있다. 더 많이 연습할수록 더 능숙해지는 것이다.

직관 능력이 저마다 다르다면 우리 중에서 어떤 사람의 직관이 더 뛰어날까? 흔히 모성 직관이나 여성 직관이 뛰어나다고 말하지만, 이런 추정을 뒷받침할 증거가 있는지는 정확히 알 수 없다. 실제로 여성이 남성보다 의사결정에서 직관을 더 많이 사용하는 것으로 보고되는 반면, 남성은 의사결정에서 합리적인 전략을 사용하는 것으로 보고되고 있다. 하지만 아직까지는 우리 연구팀의 직관 실험처럼, 객관적 측정 기법으로 얻은 데이터는 그리 많지 않다.

같은 맥락에서, 소위 마술적 사고(유령과 같은 현상이 존재한다는 믿음)는 여성에게 더 많이 나타난다는 데이터도 있다. 이런 경향은 감정의 강도 차이에 관한 연구 논문에서 다뤄졌는데, 여성이 남성보다 평균적으로 감정 경험을 더 강렬하게 느끼는 것으로 보고된다. 하지만 사회화의 차이도 이런 차이의 가능한 원인으로 지목됐다. 남성은 종종 더 이성적으로 행동하고, 의사결정에서 감정을 배제하도록 사회화됐기 때문이다. 그런데 여기서 흥미로운 반전이 있다. 남성이 스포츠와 도박에서는 여성보다 미신적 행동을 많이 보인다는 점이다.

일부 연구에 의하면 동아시아 문화권에서는 분석적이고 합리적인 의사결정보다 직관적 사고를 중시하는 경향이 있다고 하는데, 이 주제에 관해서는 여전히 더 많은 연구가 필요하다.

요약해 보자. 사람마다 타고난 직관 능력에 차이가 크지만, 누구든 직관을 연습하지 못할 이유는 없다. 따라서 이를 막다른 길로 보지 말고, 오히려 초대로 받아들이자. 직관이라는 기술을 연마하고 내면의 직관적 목소리에 귀를 기울이게 해주는 초대 말이다. 가장 좋은 소식은 이 여정에서 당신은 혼자가 아니라는 것이다. 누구나 직관의 잠재력을 깨울 수 있고, 연습을 통해 더 발전할 수 있다.

__ 직관과 AI

인공지능AI은 컴퓨터 시스템이 마치 지능을 가지고 있는 것

더 좋은 결정을 위한 뇌과학

처럼 의사결정을 비롯한 여러 업무를 수행해 내는 능력을 의미한다. AI는 기존 컴퓨터 프로그램처럼 사전에 엄격히 프로그래밍 된 규칙을 따르기보다, 기존 데이터를 학습하고 학습된 정보를 기준으로 결정하거나 행동한다. 게다가 생성형 AI는 예술 작품과 텍스트, 아이디어, 결정을 생성할 수도 있다.

현재 사용되고 있는 AI에는 의식이 없으므로, 우리는 AI를 무의식적으로 행동하고 결정하는 에이전트로 생각할 수 있다. 그러나 아직 의식 여부를 테스트할 수 있는 과학적 방법이 없기 때문에 AI가 실제로 어떤 것을 의식하는지 테스트할 방법도 없는 셈이다.

AI가 기존의 데이터세트에서 정보를 학습한다면, 무엇을 학습하고 무엇을 학습하지 말아야 할지는 어떻게 '알까'? 그 답은 학습된 정보를 좋은 결과나 나쁜 결과와 연결하면서 알아간다는 것이다. 즉, 좋은 결과나 나쁜 결과를 예측하는 무의식적 학습이다. 어딘가 익숙하게 들리지 않는가?

AI와 직관은 무의식적 학습과 의사결정을 돕거나 수행한다는 점에서 유사하다. SMILE의 다섯 번째 규칙을 다룬 장에서 본 것처럼, 양쪽 모두 학습한 데이터에서 편향도 물려받는다. 우리 자신에게 편향되거나 사실이 아닌 정보를 주입하면, 우리의 직관도 이런 정보를 학습해 편향되거나 왜곡될 수 있다. 마찬가지로 AI도 편향된 데이터세트로 학습하면 편향될 수 있다. 게다가 현시점 AI는 의도된 환경에서 벗어나기만 해도 간단히 편향되거나 왜곡되거나 제대로 작동하지 않을 수 있다. AI가 학습하는 데이터세트의 맥락에도 적용되는 말이다. 예를 들어 보자. 텍스트를 작성하는 맥락과 자동차를 운전하는 맥락은 다를 수 있다. 다시 말해 AI는 맥락에 따라 다르게 작동하는데, 이런 특성이 직관과 유사하다. AI와 직관의 유사성은 결정을 추적하고 학습하는 방식에 있다. "조엘, 커피를 한 잔 더 마시려고요? 지난번에 하루에 석 잔이나 마시고 후회했잖아요." 혹은 "조엘, 방금 저 사람을 만날 때 생리적 반응이 급격히 증가했어요. 저 사람이 한 말 때문이에요?" 이런 식으로 AI 비서는 하루 동안 수백 가지 상황에서 인간의 결정 속 편향을 지적할 수 있을 것이다. 앞서 말했듯이, AI 자체에도 편향이 있을 수 있지만 그렇다고 해서 우리 자신의 편향을 추적하고 지적하는 데 AI를 활용할 수 없는 것은 아니다. 현실적인 의미에서 '생물학적 직관'이나 적어도 그 일부를 'AI 직관'으로 위탁할 수 있다.

AI를 적용할 수 있는 또 하나의 흥미로운 분야도 있다. 중독 치료의 영역이다. 앞서 보았듯, 무언가에 중독된 사람은 더 충동적이고 단기적인 결정을 내리기 쉽다. 이런 면에서 AI 비서가 유용할 수 있다. 단기적이고 충동적인 선택을 하려 할 때 AI 비

더 좋은 결정을 위한 뇌과학

서가 옆에서 장기적인 선택의 가치를 강조해 줄 수 있을 것이다.

여기서 중요한 질문은, 우리가 계속 여러 문제 해결을 AI에 위탁한다면 인간의 생물학적 직관은 어떻게 될 것인가 하는 것이다. 직관이 약해지고 줄어들게 될까? 우리가 직관과 학습에 관해 아는 자료에 따르면, 생물학적 직관은 계속 사용해야 유지되고, 이를 연습하지 않으면 점차 약해진다.

이런 현상을 '쇠약화enfeeblement'라고 한다. 요즘은 전화번호를 외우는 사람이 없는 것과 유사하다. 나도 언젠가부터 사람들의 전화번호를 외우지 않고 전화번호를 떠올리려고 시도하지도 않는다. 스마트폰이 나를 사람들과 자동으로 연결해 주니, 번호는 무대 뒤에 머무른다.

우리의 사고와 학습을 AI에 위탁하는 방법에는 여러 가지 장단점이 있다. 만약 심리학자와 신경과학자의 올바른 조언이 이런 AI 개발에 녹아들었다면, 지금쯤 우리는 인간 중심의 기술, 우리를 해롭게 하지 않고 인간의 직관을 약화시키지 않으면서도 우리를 도와주는 AI를 개발했을지도 모른다. 그러나 이는 너무 큰 가정이다. 그게 아니더라도 쉽게는 AI가 우리의 의사결정을 도울 뿐 아니라, 우리가 더 나은 결정을 내리는 법을 학습하도록 설계될 수도 있다.

__ 이제 어디로 갈 것인가?

　나는 이 책에서 야심찬 일을 시작했다. 직관에 관한 새로운 이론을 도입하고, 이를 과학이라는 엔진으로 구동되는 실제 실습 도구와 연결하는 것이었다. 이 모든 것이 우리의 의사결정을 개선하기 위해서였다. 나아가 제이슨과 존, 톰, 재스민 같은 사람들의 성공을 누구나 안전하게 모방할 수 있는 길을 제시하고 싶었다. 하지만 꼭 전투기 조종사나 산악인 같은 극한 직업을 가져야만 직관을 개발해서 혜택을 누릴 수 있는 것은 아니다. 대다수의 보통사람에게는 작고 일상적인 수많은 결정이 중요하다. 또 이러한 결정의 진정한 가치는 며칠이나 몇 주에 걸쳐 더 나은 결정의 효과가 축적되면서 실감하게 된다.

　앞서 보았듯이 직관의 과학은 아직 초기 단계이며, 내가 이 책에서 제시한 직관의 정의는 임시이므로, 새로운 발견이 있으면 그때그때 추가하거나 수정할 수 있다. 새로운 발견과 함께 진화할 수 있는 유연한 청사진인 셈이다.

　내가 사용한 정의는 가장 유용한 형태로 최적화됐다. 이 정의는 과학적 논의를 촉진하고, 직관의 본질에 대한 오해나 견해 차이를 넘어선다. 직관은 자세히 들여다볼수록 단순하지 않다. 깊이 탐구할수록 다채로운 면모가 드러나고, 직관이 언제 우리의 친구가 되어줄지, 언제 우리를 잘못된 길로 이끌어갈지 알아챌 수 있다. 그러니 SMILE 원칙을 잊지 말아야 한다.

이 책의 일부 내용은 논쟁을 불러일으킬 수도 있다. 그래도 괜찮다. 내 의도는 직관에 대한 논의를 활발하게 만들고 더욱 진지한 고찰을 자극하여 더 많은 탐구를 독려하고 더 넓은 활용을 촉진함으로써 직관에 대한 이해를 넓히는 데 있다. 그렇게 된다면 우리 모두의 의사결정과 행동이 개선될 수밖에 없다.

나는 미래에는 직관이 인간의 의사결정에서 매우 중요한 역할을 하리라 믿는다. 최고 지도자부터 스포츠 전문가까지, 정책 입안자부터 예비 부모에 이르기까지, 모두의 결정에서 직관이 중요한 역할을 감당할 것이다. 우리는 과학에 기반을 둔 명료한 직관 이론을 제시하며 직관이 의사결정 도구로서 주류로 받아들여지기 위한 길을 열었다. 직관은 신비한 무언가가 아니라, 우리가 이미 과학으로 이해할 수 있는 능력이다. 직관은 연습으로 우리가 개발하고 갈고닦을 수 있는 것이므로 직관에 관해 자유로이 논의할 수 있어야 한다. 아직 시작하지 않았다면 직관적 여정을 시작하길 바란다. 한 번에 한 가지 결정에 직관을 사용해 보라. 무엇을 망설이는가?

감사의 말

우선 내게 사적인 이야기를 베풀어주신 이들에게 깊은 감사의 인사를 전한다. 특히 제이슨과 존 뮤어에게 감사하다. 두 사람의 이야기는 이 책을 풍성하게 해주고 깊이를 더해 주었다.

이 책에 이름이 언급되거나 그렇지 않은 많은 연구자와 저자, 과학자 여러분께도 큰 빚을 졌다. 인간의 마음과 뇌에 관한 모두의 혁신적 발견과 이론은 나의 이해를 크게 넓혀주었고, 이 책에서 제안하는 조언에도 지대한 영향을 미쳤다. 이 책을 위해 많은 것을 배려해 준 애덤 올터에게 고맙고, 에드 캐트멀에게는 세심한 피드백과 지지에 감사를 표한다.

사이먼앤드슈스터 오스트레일리아의 헌신적인 편집부에도

더 좋은 결정을 위한 뇌과학

특별히 감사의 뜻을 전한다. 댄 루피노와 벤 볼의 변함없는 지원에 감사드린다. 메러디스 로즈의 날카로운 제안과 세심한 편집, 귀중한 글쓰기 수업에 깊은 감사의 인사를 전하고 싶다. 홍보에 힘써준 개비 오버먼과 안나 오그래디에게도 고맙다. 앤드루 커키는 이 책을 집필하고 편집하는 초반에 적극적인 지지를 보내면서 여러 사람을 연결해 주었고, 내가 관련성 높은 지식을 연결해 독자에게 가치를 더할 요소에 주목하도록 이끌어주었다. 줄리 깁스는 직관의 힘과 의사결정 도구로서의 중요성을 믿어주고 내 이론의 가치를 알아봐 주었다. 덕분에 많은 동기부여가 되었다. 특별히 댄과 연결해 준 데도 감사드린다. 또한 이 자리를 빌려 내 원고를 세심하게 교정해 준 엠마 노리스에게도 감사의 마음을 전한다.

나의 에이전트 라크 크로포드에게도 무한한 감사의 마음을 전하고 싶다. 첫 만남부터 지금까지 그는 내가 복잡한 출판의 세계에 들어올 수 있게 도와주었고, 책 제안서와 전반적 전략에 대한 귀중한 통찰을 제공해 주었다. 여전히 유효한 통찰이다.

뉴사우스웨일스대학교 내 연구실의 과거와 현재 모든 연구원 그리고 이 대학교 전체에 감사드린다. 특히 갈랑 루피티안토 박사는 우리 연구소에서 박사 과정을 밟으며 직관에 대한 이해와 측정에 크게 기여했다. 그리고 나의 학문적 여정은 콜린 클

리퍼드 교수, 랜돌프 블레이크 교수, 프랭크 통 교수, 두제 타딘 교수와 같은 여러 스승 덕분에 풍성해졌다. 호주연구위원회와 호주국립보건의학연구위원회가 오랜 시간 아낌없이 지원해 준 덕분에 연구와 사고에 집중할 수 있었다. 또 가반 맥널리와는 세상과 연구, 학계에 대한 대화를 자주 나누며 많은 영감을 얻었다. 학창 시절 친구들, 다들 누구를 말하는지 알 거라 믿는다만, 그들 덕분에 삶의 균형 감각과 정신적 안정을 유지할 수 있었다는 말을 전하고 싶다. 《스티브 잡스Steve Jobs》의 저자 월터 아이작슨에게도 감사드린다. 잡스에 관한 기록과 함께 그가 직관을 적절히 사용한 방식과 잘못 사용한 방식에 대한 상세한 기록에 큰 도움을 얻었다.

수년에 걸쳐 내 이론에 관심을 보여준 여러 언론사의 기자 여러분들에게도 이 자리를 빌려 감사 인사를 전하고 싶다. 그들이 내 연구 결과와 직관 이론을 현실에 적용할 방법에 관해 통찰력 있는 질문을 던져준 덕분에, 더욱 풍성한 사례 수집을 통해 독자들에게 유용한 지침들을 마련할 수 있었다.

가족은 내 모든 노력의 근간이다. 어머니의 굳건한 지지는 내게 등대와도 같았다. 나의 아이들은 내가 가끔 멍하니 있을 때도 너그럽게 인내해 주고, 내가 가장 필요로 하는 순간에 크나큰 영감을 주었다. 마지막으로, 나의 아내는 내게 가장 중요

더 좋은 결정을 위한 뇌과학

한 비평가이자 지지자로서 이 책의 학술적 내용을 누구나 공감할 수 있는 흥미로운 내용으로 바꿔주었다. 이 책이 조금이라도 흥미롭고 매력적이라면, 그 공로는 아내에게 돌아가야 마땅하다. 진심으로 고맙다.

조엘 피어슨

더 좋은 결정을 위한 뇌과학

1판 1쇄 **발행** 2025년 3월 24일
1판 2쇄 **발행** 2025년 6월 11일

지은이 조엘 피어슨
옮긴이 문희경

발행인 양원석 **편집장** 김건희
디자인 강소정, 김미선 **영업마케팅** 조아라, 박소정, 이서우, 김유진, 원하경

펴낸 곳 ㈜알에이치코리아
주소 서울시 금천구 가산디지털2로 53, 20층 (가산동, 한라시그마밸리)
편집문의 02-6443-8902   **도서문의** 02-6443-8800
홈페이지 http://rhk.co.kr
등록 2004년 1월 15일 제2-3726호

ISBN 978-89-255-7388-5 (03400)